2023
年版

消防安全标准化应知应会手册

（管理分册）

中国航天科工集团有限公司安全保障部　组编

U0781282

气象出版社
China Meteorological Press

内容简介

本书以试题的形式普及消防法律法规、消防基本常识等消防安全应知应会知识，其中消防法律法规内容来源于国家消防法律法规和标准规范等，消防基本常识内容涉及防火、灭火和应急救援等。本书是针对单位管理层人员和消防管理人员的管理分册，包括公共知识、消防安全责任人和消防安全管理人、专兼职消防管理人员三章，每章包括基础知识和应知应会试题两个部分，试题包括选择题、判断题、简答题三种题型。为便于学习和掌握，书中全部试题均给出了相应的参考答案。本书可作为消防安全教育培训参考用书和消防安全知识普及用书。

图书在版编目（CIP）数据

消防安全标准化应知应会手册. 管理分册 / 中国航天科工集团有限公司安全保障部组编. -- 北京：气象出版社，2023.10（2024.6重印）
ISBN 978-7-5029-8072-6

Ⅰ. ①消… Ⅱ. ①中… Ⅲ. ①消防－安全管理－标准化管理－手册 Ⅳ. ①TU998.1-62

中国国家版本馆CIP数据核字(2023)第197910号

Xiaofang Anquan Biaozhunhua Yingzhi Yinghui Shouce（Guanli Fence）
消防安全标准化应知应会手册（管理分册）

出版发行：气象出版社
地　　址：北京市海淀区中关村南大街46号　　**邮政编码：**100081
电　　话：010－68407112（总编室）　　010－68408042（发行部）
网　　址：http://www.qxcbs.com　　　　**E－mail：**qxcbs@cma.gov.cn
责任编辑：彭淑凡　　　　　　　　　　　**终　审：**张　斌
责任校对：张硕杰　　　　　　　　　　　**责任技编：**赵相宁
封面设计：艺点设计
印　　刷：三河市君旺印务有限公司
开　　本：850 mm×1168 mm　1/32　　　**印　张：**4.25
字　　数：103千字
版　　次：2023年10月第1版　　　　　　**印　次：**2024年6月第3次印刷
定　　价：20.00元

本书如存在文字不清、漏印以及缺页、倒页、脱页等，请与本社发行部联系调换。

本书编写组

齐龙涛　贺　娇　吴　凯　李　捷　司丹丹

缪　涛　于　猛　吴　迪　崔琦琦　武　颖

师　轩　肖　坤　代传道　陶迎秋　刘　伟

王戎戎　郭　靖　晏宏云　郭海滨　宋　磊

戴沛霞　闫　絮　李节利　尤　飞　孔令剑

李　薇　杜裕鹏　陈　霰　姚洪涛　任希楠

黄雷彤　于　亮　孙文武　祁　明　许逢材

赵晓鹏　杜　峰　刘远航　王明明　李玉平

晋安东　何竟恺　褚燕京　陈　颖　张舒惠

姚　仪

前　言

　　火灾是严重危害人类生命财产安全、直接影响社会发展和稳定的一种常见灾害。为深入贯彻落实党中央、国务院关于做好消防安全工作的各项要求，大力宣传国家消防安全法律法规、标准规范，帮助各类人员明确消防安全职责、掌握岗位消防安全知识，提升全员消防安全意识，坚决防范和遏制各类火灾事故发生，本书编写组在 2020 年版《消防安全标准化应知应会手册》基础上，对内容进行了更新和修订，编写了 2023 年版《消防安全标准化应知应会手册》（以下简称《手册》，包括基础知识分册、管理分册和技术分册）。

　　《手册》结合最新的法律、法规、标准、规范及实践经验，具有较强的针对性和适用性。《手册》紧扣落实单位全员消防安全责任制，按照不同的岗位类别，将单位人员分为普通员工、志愿消防员、消防安全责任人、消防安全管理人、专兼职消防安全管理人员、消防控制室值班人员、专职消防队和微型消防站人员、动火作业人员。为方便查阅，《手册》细分为《消防安全标准化应知应会手册（基础知识分册）》《消防安全标准化应知应会手册（管理分册）》《消防安全标准化应知应会手册（技术分册）》三种。

　　《手册》各章包括基础知识和应知应会试题两个部分，基础知识涵盖国家最新消防法律法规、标准规范和防火、灭火、应急救援等知识；应知应会试题由基础知识改编而成，分为选择题、判断题、简答题三种题型，并给出相应的参考答案。后面还在附录中列出了消防相关法律法规标准文件名录。

《手册》各部分内容简单明了、通俗易懂，可作为消防安全教育培训参考用书和消防安全知识普及用书。

《手册》主要参考《中华人民共和国消防法》、《机关、团体、企业、事业单位消防安全管理规定》（中华人民共和国公安部令第61号）、《高层民用建筑消防安全管理规定》（中华人民共和国应急管理部令第5号）、《建筑防火通用规范》（GB 55037—2022）、《火灾自动报警系统设计规范》（GB 50116—2013）、《高层建筑火灾扑救行动指南》（XF/T 1191—2014）等法律法规和标准规范编写而成，在此对这些文件的编写人员表示衷心的感谢。

本册为《消防安全标准化应知应会手册（管理分册）》，包括公共知识（各分册相同）、消防安全责任人和消防安全管理人、专兼职消防管理人员三章，适用于单位管理层人员和消防管理人员。

由于编者水平有限，书中难免存在疏漏和不当之处，敬请广大读者提出宝贵意见，以便持续改进！

编写组

2023 年 9 月

目 录

第一部分　基础知识

1.《中华人民共和国消防法》立法目的是什么？

答：为了预防火灾和减少火灾危害，加强应急救援工作，保护人身、财产安全，维护公共安全，制定本法。

2. 依据《中华人民共和国消防法》，我国的消防工作方针和原则分别是什么？

答：消防工作贯彻预防为主、防消结合的方针，按照政府统一领导、部门依法监管、单位全面负责、公民积极参与的原则，实行消防安全责任制，建立健全社会化的消防工作网络。

3. 依据《中华人民共和国消防法》，单位和个人在消防工作中的权利和义务有哪些？

答：任何单位和个人都有维护消防安全、保护消防设施、预防火灾、报告火警的义务。任何单位和成年人都有参加有组织的灭火工作的义务。任何单位和个人都有权对住房和城乡建设主管部门、消防救援机构及其工作人员在执法中的违法行为进行检举、控告。收到检举、控告的机关，应当按照职责及时查处。

4. 依据《中华人民共和国消防法》，是否可以在具有火灾、

爆炸危险的场所吸烟、使用明火？

答：不可以。禁止在具有火灾、爆炸危险的场所吸烟、使用明火。因施工等特殊情况需要使用明火作业的，应当按照规定事先办理审批手续，采取相应的消防安全措施；作业人员应当遵守消防安全规定。

5. 依据《中华人民共和国消防法》，消防产品必须符合什么要求？尚未制定国家标准、行业标准的消防产品应当符合什么要求？

答：消防产品必须符合国家标准；没有国家标准的，必须符合行业标准。禁止生产、销售或者使用不合格的消防产品以及国家明令淘汰的消防产品。

依法实行强制性产品认证的消防产品，由具有法定资质的认证机构按照国家标准、行业标准的强制性要求认证合格后，方可生产、销售、使用。实行强制性产品认证的消防产品目录，由国务院产品质量监督部门会同国务院应急管理部门制定并公布。

新研制的尚未制定国家标准、行业标准的消防产品，应当按照国务院产品质量监督部门会同国务院应急管理部门规定的办法，经技术鉴定符合消防安全要求的，方可生产、销售、使用。

依照本条规定经强制性产品认证合格或者技术鉴定合格的消防产品，国务院应急管理部门应当予以公布。

6. 依据《中华人民共和国消防法》，单位和个人是否可以损坏、挪用或者擅自拆除、停用消防设施、器材？

答：不可以。任何单位、个人不得损坏、挪用或者擅自拆除、停用消防设施、器材，不得埋压、圈占、遮挡消火栓或者占用防火间距，不得占用、堵塞、封闭疏散通道、安全出口、消防车通道。

7．依据《中华人民共和国消防法》，发生火灾时单位和个人应当怎么做？在进行火灾扑救时，消防救援机构应当优先保障什么？

答：任何人发现火灾都应当立即报警。任何单位、个人都应当无偿为报警提供便利，不得阻拦报警。严禁谎报火警。人员密集场所发生火灾，该场所的现场工作人员应当立即组织、引导在场人员疏散。任何单位发生火灾，必须立即组织力量扑救。邻近单位应当给予支援。

消防队接到火警，必须立即赶赴火灾现场，救助遇险人员，排除险情，扑灭火灾。消防救援机构统一组织和指挥火灾现场扑救，应当优先保障遇险人员的生命安全。

8．依据《中华人民共和国消防法》，对于前往执行火灾扑救或者应急救援任务的消防车、消防艇，有哪些行驶和运输规定？

答：消防车、消防艇前往执行火灾扑救或者应急救援任务，在确保安全的前提下，不受行驶速度、行驶路线、行驶方向和指挥信号的限制，其他车辆、船舶以及行人应当让行，不得穿插超越；收费公路、桥梁免收车辆通行费。交通管理指挥人员应当保证消防车、消防艇迅速通行。

赶赴火灾现场或者应急救援现场的消防人员和调集的消防装备、物资，需要铁路、水路或者航空运输的，有关单位应当优先运输。

9．依据《中华人民共和国消防法》，火灾扑灭后，发生火灾的单位和相关人员应当配合消防救援机构做哪些事情？

答：消防救援机构有权根据需要封闭火灾现场，负责调查火灾原因，统计火灾损失。火灾扑灭后，发生火灾的单位和相关人员应当按照消防救援机构的要求保护现场，接受事故调查，如实提供与火灾有关的情况。消防救援机构根据火灾现场勘验、调查情况和有关的检验、鉴定意见，及时制作火灾事故认定书，作为处理火灾事故的证据。

10. 依据《中华人民共和国消防法》，消防救援机构在消防监督检查中发现火灾隐患时应当如何处置？

答： 消防救援机构在消防监督检查中发现火灾隐患的，应当通知有关单位或者个人立即采取措施消除隐患；不及时消除隐患可能严重威胁公共安全的，消防救援机构应当依照规定对危险部位或者场所采取临时查封措施。

11. 单位违反《中华人民共和国消防法》规定，存在哪些行为，责令改正，并处五千元以上五万元以下罚款？

答： 单位违反本法规定，有下列行为之一的，责令改正，处五千元以上五万元以下罚款：

（1）消防设施、器材或者消防安全标志的配置、设置不符合国家标准、行业标准，或者未保持完好有效的；

（2）损坏、挪用或者擅自拆除、停用消防设施、器材的；

（3）占用、堵塞、封闭疏散通道、安全出口或者有其他妨碍安全疏散行为的；

（4）埋压、圈占、遮挡消火栓或者占用防火间距的；

（5）占用、堵塞、封闭消防车通道，妨碍消防车通行的；

（6）人员密集场所在门窗上设置影响逃生和灭火救援的障碍物的；

（7）对火灾隐患经消防救援机构通知后不及时采取措施消

除的。

个人有前款第二项、第三项、第四项、第五项行为之一的，处警告或者五百元以下罚款。

有本条第一款第三项、第四项、第五项、第六项行为，经责令改正拒不改正的，强制执行，所需费用由违法行为人承担。

12. 违反《中华人民共和国消防法》规定，存在哪些行为，尚不构成犯罪的，处十日以上十五日以下拘留，可以并处五百元以下罚款，情节较轻的，处警告或者五百元以下罚款？

答：违反消防法规定，有下列行为之一，尚不构成犯罪的，处十日以上十五日以下拘留，可以并处五百元以下罚款；情节较轻的，处警告或者五百元以下罚款：

（1）指使或者强令他人违反消防安全规定，冒险作业的；

（2）过失引起火灾的；

（3）在火灾发生后阻拦报警，或者负有报告职责的人员不及时报警的；

（4）扰乱火灾现场秩序，或者拒不执行火灾现场指挥员指挥，影响灭火救援的；

（5）故意破坏或者伪造火灾现场的；

（6）擅自拆封或者使用被消防救援机构查封的场所、部位的。

13. 什么是失火罪？依据《中华人民共和国刑法》失火罪的量刑标准是什么？

答：失火罪，是指过失引起火灾，危害公共安全，致人伤、死亡或者使公私财产遭受重大损失的行为。根据《中华人民共和国刑法》第一百一十五条第二款，犯失火罪的，处 3 年以上 7 年以下有期徒刑；情节较轻的，处 3 年以下有期徒刑或拘役。

14. 依据《机关、团体、企业、事业单位消防安全管理规定》（中华人民共和国公安部令第 61 号），消防安全重点单位应当多长时间对每名员工进行一次消防安全培训？宣传教育和培训应当包括哪些内容？是否需要对新上岗和进入新岗位的员工进行上岗前的消防安全培训？

答：单位应当通过多种形式开展经常性的消防安全宣传教育。消防安全重点单位对每名员工应当至少每年进行一次消防安全培训。宣传教育和培训内容应当包括：

（1）有关消防法规、消防安全制度和保障消防安全的操作规程；

（2）本单位、本岗位的火灾危险性和防火措施；

（3）有关消防设施的性能、灭火器材的使用方法；

（4）报火警、扑救初起火灾以及自救逃生的知识和技能。

公众聚集场所对员工的消防安全培训应当至少每半年进行一次，培训的内容还应当包括组织、引导在场群众疏散的知识和技能。

单位应当组织新上岗和进入新岗位的员工进行上岗前的消防安全培训。

15. 依据《机关、团体、企业、事业单位消防安全管理规定》（中华人民共和国公安部令第 61 号），单位应当如何管理疏散通道和安全出口？

答：单位应当保障疏散通道、安全出口畅通，并设置符合国家规定的消防安全疏散指示标志和应急照明设施，保持防火门、防火卷帘、消防安全疏散指示标志、应急照明、机械排烟送风、火灾事故广播等设施处于正常状态。

严禁下列行为：

（1）占用疏散通道；

（2）在安全出口或者疏散通道上安装栅栏等影响疏散的障碍物；

（3）在营业、生产、教学、工作等期间将安全出口上锁、遮挡或者将消防安全疏散指示标志遮挡、覆盖；

（4）其他影响安全疏散的行为。

16. 依据《机关、团体、企业、事业单位消防安全管理规定》（中华人民共和国公安部令第 61 号），单位发生火灾时、火灾扑灭后应当怎么做？

答：单位发生火灾时，应当立即实施灭火和应急疏散预案，务必做到及时报警，迅速扑救火灾，及时疏散人员。邻近单位应当给予支援。任何单位、人员都应当无偿为报火警提供便利，不得阻拦报警。

单位应当为公安消防机构抢救人员、扑救火灾提供便利和条件。

火灾扑灭后，起火单位应当保护现场，接受事故调查，如实提供火灾事故的情况，协助公安消防机构调查火灾原因，核定火灾损失，查明火灾事故责任。未经公安消防机构同意，不得擅自清理火灾现场。

17. 依据《生产安全事故报告和调查处理条例》，请简述火灾等级的分类？

答：火灾等级分为特别重大火灾、重大火灾、较大火灾、一般火灾四个等级。

18. 依据《火灾事故调查规定》（中华人民共和国公安部令第

108 号、121 号），火灾事故调查的任务是什么？

答：火灾事故调查的任务是调查火灾原因，统计火灾损失，依法对火灾事故作出处理，总结火灾教训。

19. 依据《公共娱乐场所消防安全管理规定》（中华人民共和国公安部令第 39 号），是否可以在公共娱乐场所内存放易燃易爆物品？公共娱乐场所营业时是否可以进行设备检修、电气焊、油漆粉刷等施工、维修作业？

答：公共娱乐场所内严禁带入和存放易燃易爆物品。严禁在公共娱乐场所营业时进行设备检修、电气焊、油漆粉刷等施工、维修作业。

20. 依据《安全色》（GB 2893—2008），安全色中的红色、蓝色、黄色和绿色分别表示什么？

答：红色：传递禁止、停止、危险或提示消防设备、设施的信息；

蓝色：传递必须遵守规定的指令性信息；

黄色：传递注意、警告的信息；

绿色：传递安全的提示性信息。

21. 依据《建筑消防设施的维护管理》（GB 25201—2010），消防控制室值班人员接到报警信号后，应当如何处理？

答：消防控制室值班人员接到报警信号后，应按下列程序进行处理：

（1）接到火灾报警信息后，应以最快方式确认。

（2）确认属于误报时，查找误报原因并填写《建筑消防设施故障维修记录表》。

（3）火灾确认后，立即将火灾报警联动控制开关转入自动状态（处于自动状态的除外），同时拨打"119"火警电话报警。

（4）立即启动单位内部灭火和应急疏散预案，同时报告单位消防安全责任人。单位消防安全责任人接到报告后应立即赶赴现场。

22. 依据《建筑灭火器配置验收及检查规范》（GB 50444—2008）灭火器的进场检查应符合哪些要求？

答：灭火器的进场检查应符合下列要求：

（1）灭火器应符合市场准入的规定，并应有出厂合格证和相关证书；

（2）灭火器的铭牌、生产日期和维修日期等标志应齐全；

（3）灭火器的类型、规格、灭火级别和数量应符合配置设计要求；

（4）灭火器筒体应无明显缺陷和机械损伤；

（5）灭火器的保险装置应完好；

（6）灭火器压力指示器的指针应在绿区范围内；

（7）推车式灭火器的行驶机构应完好。

检查数量：全数检查。

检查方法：观察检查，资料检查。

23. 依据《建设工程施工现场消防安全技术规范》（GB 50720—2011），施工现场用火应符合哪些规定？

答：施工现场用火应符合下列规定：

（1）动火作业应办理动火许可证；动火许可证的签发人收到动火申请后，应前往现场查验并确认动火作业的防火措施落实后，再签发动火许可证。

（2）动火操作人员应具有相应资格。

（3）焊接、切割、烘烤或加热等动火作业前，应对作业现场的可燃物进行清理；作业现场及其附近无法移走的可燃物应采用不燃材料对其覆盖或隔离。

（4）施工作业安排时，宜将动火作业安排在使用可燃建筑材料的施工作业前进行。确需在使用可燃建筑材料的施工作业之后进行动火作业时，应采取可靠的防火措施。

（5）裸露的可燃材料上严禁直接进行动火作业。

（6）焊接、切割、烘烤或加热等动火作业应配备灭火器材，并应设置动火监护人进行现场监护，每个动火作业点均应设置1个监护人。

（7）五级（含五级）以上风力时，应停止焊接、切割等室外动火作业；确需动火作业时，应采取可靠的挡风措施。

（8）动火作业后，应对现场进行检查，并应在确认无火灾危险后，动火操作人员再离开。

（9）具有火灾、爆炸危险的场所严禁明火。

（10）施工现场不应采用明火取暖。

（11）厨房操作间炉灶使用完毕后，应将炉火熄灭，排油烟机及油烟管道应定期清理油垢。

24. 依据《防火卷帘、防火门、防火窗施工及验收规范》（GB 50877—2014），防火门应向什么方向开启？

答： 除特殊情况外，防火门应向疏散方向开启，防火门在关闭后应从任何一侧手动开启。

25. 依据《建筑防火通用规范》（GB 55037—2022），疏散出口门关闭后应从哪一侧可以开启？开启时是否可以减少楼梯平台或疏散走道的有效净宽度？

答：疏散出口门应能在关闭后从任何一侧手动开启。开向疏散楼梯（间）或疏散走道的门在完全开启时，不应减少楼梯平台或疏散走道的有效净宽度。

26. 依据《建筑防火通用规范》（GB 55037—2022），在进行建筑内部装修时应注意哪些消防安全事项？

答：建筑内部装修不应擅自减少、改动、拆除、遮挡消防设施或器材及其标识、疏散指示标志、疏散出口、疏散走道或疏散横通道，不应擅自改变防火分区或防火分隔、防烟分区及其分隔，不应影响消防设施或器材的使用功能和正常操作。

27. 依据《火灾分类》（GB/T 4968—2008），火灾分类有哪些？

答：依据《火灾分类》（GB/T 4968—2008），火灾分为如下六类：

（1）A 类火灾：固体物质火灾。这种物质通常具有有机物性质，一般在燃烧时能产生灼热的余烬。

（2）B 类火灾：液体或可熔化的固体物质火灾。

（3）C 类火灾：气体火灾。

（4）D 类火灾：金属火灾。

（5）E 类火灾：带电火灾。物体带电燃烧的火灾。

（6）F 类火灾：烹饪器具内的烹饪物（如动植物油脂）火灾。

28. 消防安全"四个能力"指的是什么内容？

答：检查消除火灾隐患能力，扑救初期火灾能力，组织人员疏散逃生能力，消防宣传教育培训能力。

（1）检查消除火灾隐患能力：查用火用电，禁违章操作；查通道出口，禁堵塞封闭；查设施器材，禁损坏挪用；查重点部位，禁失控漏管。

（2）扑救初期火灾能力：发现火灾后，起火部位员工1分钟内形成第一灭火力量；火灾确认后，单位3分钟内形成第二灭火力量。

（3）组织疏散逃生能力：熟悉疏散通道，熟悉安全出口，掌握疏散程序，掌握逃生技能。

（4）消防宣传教育能力：有消防宣传人员，有消防宣传标识，有全员培训机制，掌握消防安全常识。

29. 燃烧发生和发展的必要条件是什么？

答： 燃烧的发生和发展，必须具备三个必要条件，即可燃物、助燃物和引火源，通常称为燃烧三要素，当燃烧发生时，上述三个条件必须同时具备，如果有一个条件不具备，那么燃烧就不会发生。

30. 固体燃烧的特点有哪些？

答： 固体燃烧的特点：

（1）蒸发燃烧：可熔化的可燃性固体受热升华或熔化后蒸发，产生可燃气体进而发生的有焰燃烧，称为蒸发燃烧。发生蒸发燃烧的固体，在燃烧前受热只发生相变，而成分不发生变化。一旦火焰稳定下来，火焰传热给蒸发表面，促使固体不断蒸发或升华燃烧，直至燃尽为止。

（2）分解燃烧：分子结构复杂的固体可燃物，在受热后分解出其组成成分及与加热温度相应的热分解产物，这些分解产物再氧化燃烧，称为分解燃烧。

（3）表面燃烧：可燃物受热不发生热分解和相变，可燃物质在被加热的表面上吸附氧，从表面开始呈余烬的燃烧状态叫表面燃烧（也叫无火焰的非均相燃烧）。

（4）阴燃：阴燃是指物质无可见光的缓慢燃烧，通常产生烟和温度升高的迹象。这种燃烧看不见火苗，可持续数天甚至数十天，不易发现。

31. 什么是粉尘爆炸？粉尘爆炸的条件有哪些？

答： 粉尘爆炸，是指悬浮在空气中的粉尘，达到一定的浓度形成爆炸性混合物，遇到火源迅速燃烧引起的爆炸。粉尘爆炸化学反应速度极快，具有很强的破坏力。

粉尘爆炸的条件有：

（1）粉尘本身具有可燃性或者爆炸性；

（2）粉尘必须悬浮在空气中并与空气或氧气混合达到爆炸极限；

（3）有足以引起粉尘爆炸的热能源，即点火源；

（4）粉尘具有一定扩散性；

（5）粉尘在密封空间会产生爆炸，如制粒烘箱、沸腾干燥机都会发生乙醇、水粉尘爆炸。

32. 粉尘爆炸有什么特点？

答： 粉尘爆炸的特点是：

（1）多次爆炸是粉尘爆炸的最大特点。第一次爆炸气浪，会把沉积在设备或地面上的粉尘吹扬起来，在爆炸后短时间内爆炸中心区会形成负压，周围的新鲜空气便由外向内填补进来，与扬起的粉尘混合，从而引发二次爆炸。二次爆炸时，粉尘浓度会更高，其破坏性也更大。

（2）粉尘爆炸产生的能量大，爆炸温度可达到 2000～3000 ℃，最大爆炸压力可达 700 kPa。

（3）发生粉尘爆炸时，爆炸燃烧物飞出，易引发大范围火灾，造成局部严重炭化和人体严重烧伤。

（4）粉尘爆炸中伴随着不完全燃烧，燃烧气体中含有大量的 CO 和其他有毒气体，容易引起人员中毒。

33. 爆炸浓度极限的概念是什么？其在消防中的意义主要有哪些？

答：爆炸极限一般认为是物质发生爆炸必须具备的浓度范围。对于可燃气体、液体蒸气和粉尘等不同形态的物质，通常以与空气混合后的体积分数或单位体积中的质量等来表示遇火源会发生爆炸的最高或最低的浓度范围，称为爆炸浓度极限，简称爆炸极限。能引起爆炸的最高浓度称爆炸上限，能引起爆炸的最低浓度称爆炸下限，上限和下限之间的间隔称爆炸范围。

爆炸极限在消防中的应用有以下几方面：

（1）爆炸极限是评定可燃气体火灾危险性大小的依据，爆炸范围越大，下限越低，火灾危险性就越大；

（2）爆炸极限是评定气体生产、储存场所火险类别的依据，也是选择电气防爆型式的依据；

（3）根据爆炸极限可以确定建筑物耐火等级、层数、面积、防火墙占地面积、安全疏散距离和灭火设施；

（4）根据爆炸极限，确定安全操作规程，例如，采用可燃气体或蒸气氧化法生产时，应使可燃气体或蒸气与氧化剂的配比处于爆炸极限范围以外，若处于或接近爆炸极限范围进行生产时，应充惰性气体稀释和保护。

34. 物质在空气中发生缓慢氧化和燃烧的共同点是什么？

答：物质在空气中发生缓慢氧化、燃烧的共同点是都是与氧发生的氧化反应，并且会都放出热量。有些氧化反应进行得很慢，甚至不容易被察觉，这种氧化叫做缓慢氧化。如动植物呼吸、食物腐烂、酒和醋的酿造等氧化反应属于放热反应。燃烧，是指可燃物与氧化剂作用发生的放热反应，通常伴有火焰、发光、发烟的现象。物质燃烧需要同时具备可燃物、助燃物和着火源这三要素。

35. 灭火的基本原理有哪些？

答：灭火就是破坏燃烧条件使燃烧反应终止的过程，其基本原理归纳为以下四个方面：冷却、窒息、隔离和化学抑制。前三种灭火作用主要是物理作用，化学抑制是化学作用。

（1）冷却灭火。对一般可燃物来说，能够持续燃烧的条件之一就是它们在火焰或热的作用下达到了各自的着火温度。因此，对一般可燃物火灾，将可燃物冷却到其燃点或闪点以下，燃烧反应就会终止。水的灭火机理主要是冷却作用。

（2）窒息灭火。各种可燃物的燃烧都必须在其最低氧气浓度以上进行，否则燃烧不能持续进行。因此，通过降低燃烧物周围的氧气浓度可以起到灭火的作用。通常使用的二氧化碳、氮气、水蒸气等的灭火机理主要是窒息作用。

（3）隔离灭火。把可燃物与引火源或氧气隔离开来，燃烧反应就会自动终止。火灾中，关闭有关阀门，切断流向着火区的可燃气体或液体的通道；同时打开有关阀门，使已经发生燃烧的容器或受到火势威胁的容器中的液体可燃物通过管道转移到安全区域，都是隔离灭火的措施。

（4）化学抑制灭火。就是使用灭火剂与链式反应的中间体自由基反应，从而使燃烧的链式反应中断，使燃烧不能持续进行。常用的干粉灭火剂、卤代烷灭火剂的主要灭火机理就是化学抑制作用。

36. 扑灭火灾最有利时机是什么阶段？

答：火灾初起阶段是扑灭火灾的最有利时机。火灾初起阶段，是物质在起火后的几分钟里，具有燃烧面积不大、烟气流动缓慢、火焰辐射热量不多、周围物品和建筑结构温度上升不快的特点，这个阶段是扑救的最佳时机。

37. 哪些火灾不能用水扑灭？

答：以下火灾不能用水扑灭：

（1）电器火灾

发生火灾时，首先要切断电源，在无法断电的情况下千万不能用水或泡沫扑救，因为水和泡沫都能导电。应用二氧化碳、干粉灭火器或者干沙土进行扑救，而且要与电器设备和电线保持2米以上的距离。

（2）油锅火灾

油锅起火时，千万不能用水浇。因为水遇到热油会形成"炸锅"，使油火到处飞溅。扑救方法是，迅速将切好的冷菜沿边倒入锅内，火就自动熄灭了。另一种方法是用锅盖或能遮住油锅的大块湿布遮盖到起火的油锅上，使燃烧的油火接触不到空气缺氧窒息。

（3）汽油火灾

汽油的密度比水小，如果汽油着火用水扑救，密度大的水往下沉，轻质的汽油往上浮，浮在水面上的汽油仍会继续燃烧，并且汽油会随着水到处蔓延，扩大燃烧面积，危及其他货物和周围建筑物的安全。

遇到汽油着火，应立即用泡沫、二氧化碳和干粉灭火器等灭火工具灭火，严禁用水扑救。

（4）油漆火灾

油漆起火千万不能用水浇。应用泡沫、干粉、1211灭火器具或沙土进行扑救。

（5）化学危险物品火灾

在学校实验室常存放有一定量的硫酸、硝酸、盐酸、碱金属（如钾、钠、锂）及易燃金属铝粉、镁粉等，这些化学物品遇水后极易发生反应或燃烧，是绝对不能用水扑救的。碳化钾、碳化钠、碳化铝和碳化钙以及氢化钾、氢化镁等遇水能发生化学反应，放出大量热，可能引起着火和爆炸。

（6）碱金属（如钾、钠、锂粉）火灾

因为水遇碱金属后，发生剧烈化学反应生成大量氢气，释放出大量的热，容易引起爆炸。这种火灾，要正确选择灭火剂，合理利用本地资源。

（7）金属碳化物、氢气物火灾

碳化物（如电石）、氢化物遇水分解并释放出大量的热，易使燃烧扩大或发生爆炸。

（8）硫酸、硝酸、盐酸火灾

此类火灾不宜用强大的水流扑救，因为酸遇水冲击，引起飞溅、流出伤人，流出的酸与可燃物质接触后，有引起燃烧的危险。但在必要时，可用喷雾水流扑救。比水轻或不溶于水的易燃液体火灾原则上是不可以用水扑救的，但原油、重油可以用喷雾水流扑救。

（9）熔化的铁水、钢水火灾

因为灼热的物体与水接触，有引起爆炸的危险。因为水遇上千度的高温，很快汽化，体积突然膨胀到 5000 倍以上，引起物理性爆炸。同时水蒸气在 1000 ℃ 以上时，能分解成氢和氧，引起化学性爆炸。

（10）高压电器装置火灾

在没有良好的接地设备或没有切断电源的情况下，一般是不能用水扑救的。一是水有导电性，易造成电器设备短路烧毁；二是容易发生高压电流沿水柱传到消防器械上使消防人员接触电造成伤亡。

38. 发生火灾时的正确做法是什么？

答：在火灾中，被困人员应有良好的心理素质，保持镇静，不要惊慌，不盲目行动，应选择最有利的逃生方法。发生火灾后，会产生浓烟，遇到浓烟时要马上停下来，千万不要试图从烟火里出来，在浓烟中应用湿毛巾捂住口鼻并采取低姿势爬行逃离。火灾被困人员应当利用周围一切可利用的条件逃生，禁止搭乘电梯逃生。身处险境，应尽快撤离，不要因顾及贵重物品，而把逃生时间浪费在寻找、搬离贵重物品上。

39. 发生火灾时，为什么不能随便开启门窗？

答：因为房间门窗紧闭时，空气不流畅，室内供氧不足，因此，火势发展缓慢，一旦门窗被打开，新鲜空气大量涌入，火势迅速发展；同时大量烟气涌入，容易使人中毒、窒息而死亡。同时，由于空气的对流作用，火焰就会向外窜出，所以在发生火灾时，不能随便开启门窗。

40. 发生电气火灾时，应当如何处置？

答：电气火灾一般是由于电线路、用电设备、器具以及供配电设备出现故障，释放大量热量，产生电弧或者电火花，引燃本体或者周边可燃物而造成的火灾，同时也包括由于雷电或者静电引起的火灾，一般多发生在夏、冬两季。电气火灾轻则可能会导致人员的轻度烧伤，若处理不当，火灾蔓延还会形成大规模的火灾，还可能导致严重烧伤和触电，所以尽量要将电气火灾扑灭在初期阶段。当发生电气火灾时，请进行以下操作：

（1）切断电源：当发生电气火灾时，首先立即关闭总开关，切断总电源，切勿用手触碰着火的电器开关或插座，以免发生触电。

（2）使用灭火器：完成上述操作后，选用不导电的二氧化碳或者干粉灭火器进行灭火。但切记不可以用水和泡沫灭火器进行扑救，因为燃烧的电器可能会有剩余电流，可能会发生触电。

（3）使用灭火毯：若家中没有灭火器，也可以使用灭火毯（注意选用专业消防灭火毯，不可用普通毛毯代替）或者浸湿的厚重棉被覆盖在电器上，并保持必要的安全距离，确定安全后再上前查看。覆盖时需注意加强个人防护，避免烫伤（注意此操作一定要在断开电源的情况下进行，防止触电）。

41. 高层建筑火灾有哪些特点？

答： 高层建筑火灾特点：

（1）火势蔓延快：高层建筑的楼梯间、电梯井、管道井、风道、电缆井等竖向井道多，如果防火分隔处理不好，发生火灾时就好像一座座高耸的烟囱，成为火势迅速蔓延的途径。

（2）疏散困难：高层建筑楼层多，楼层高，垂直距离长，人员疏散到地面相对于低层建筑时间长；高层建筑一般人员相对比较密集，疏散困难；高层建筑发生火灾时由于各竖井空气流动畅通，火势和烟雾向上蔓延快，增加了疏散的难度。

（3）扑救难度大：高层建筑高达数十米，甚至数百米，发生火灾时从室外进行扑救相当困难。大部分高层建筑内部的消防设施还不是很完善，相对于高层建筑火灾的突出特点以及产生的严重后果，扑救高层建筑火灾比较困难。

42. 高层建筑发生火灾时应该怎么做？

答：应先到门口触摸门把手，如果门把手发烫，说明火离门口不远，此时不要贸然出去，否则瞬间会被高温灼伤或被呛着。最好的办法是用水把棉被打湿，堵住门的缝隙，阻止浓烟进来，然后拨打"119"电话求救或者用一些明显的物体在窗口求救。

如果门把手不烫，可外出观察，如果发现外面没有着火，则应迅速观察逃生通道，无浓烟就可用湿毛巾捂住口鼻，弯腰低姿前行，使头部尽可能远离上层空气中的高温有毒烟气，从逃生通道迅速撤离。

43. 使用液化石油气炉时为什么先点火，后开气？

答：如果先开气后点火，先喷出的大量石油气，就有可能与空气形成爆炸气体，这时遇到明火就有发生爆炸的危险，因此必须先点火后开气。

44. 电气设备引起火灾的原因有哪些？

答：电气设备引起火灾的原因有：

（1）短路；

（2）过负荷；

（3）接触电阻热；

（4）电火花和电弧；

（5）照明灯具、电热元件、电热工具的表面热；

（6）过电压；

（7）涡流热。

45. 发生火灾拨通"119"电话后，单位应报告哪些情况？并做好哪些准备工作？

答： 发生火灾拨通"119"电话后，单位应报告以下情况：

（1）要讲清楚着火单位和所在区县、街道、门牌号码等详细、地址；

（2）要讲清什么物品着火，火势情况和起火部位，有无爆炸物品、危险化学品，是否有人员被围困；

（3）要讲清楚报警人的姓名、单位及使用的电话号码；

（4）清楚、简洁回答消防队的询问。

报警后要派专人在路口等候消防车的到来，指引消防车去火场的道路，以便迅速、准确到达起火地点。

46. 如何使用室内消火栓？

答： 室内消火栓使用方法：

（1）打开消防栓箱，按下火警按钮（如有）；

（2）延伸水带；

（3）将水带一端与消火栓接口连接，另一端与水枪连接；

（4）转开止水阀；

（5）双手握紧水带及水枪头，对准火点射水。

47. 干粉灭火器的正确使用方法是什么？使用时应注意哪些事项？

答： 干粉灭火器的正确使用方法：

（1）提，提起灭火器

手提灭火器的提把，让灭火器保持水平/垂直的状态。

（2）拔，拔掉保险销

拔掉灭火器上的保险销，也就是灭火器把手下的环状金属物，将金属环拔掉后才能喷出干粉。如果拔掉插销比较困难的话，还要将插销另一头的铅封拔除。

（3）握，握住喷嘴

人站在距离火焰3～5 m处，用灭火器喷管瞄准火源。此时一只手握住喷管的最前端，要注意控制好方向，而另一只手提起灭火器提把。

（4）压，往下按压阀，对准火焰根部喷射

手指压住灭火器的上下把杆，此时灭火器的开关就会被打开，会喷出干粉起到灭火功效。

使用干粉灭火器时应注意：

（1）在使用之前要检查灭火器压力阀。正常情况下，指针应指在绿色区域，红色区域代表压力不足，黄色代表压力过高。

（2）手提干粉灭火器必须竖立使用。

（3）保险销拔掉后，喷管口禁止对人，以防伤害。

（4）灭火时，操作者必须处于上风向操作。

（5）注意控制灭火点的有效距离和使用时间。

48. 泡沫灭火器可以扑救什么火灾？

答： 手提式泡沫灭火器适用于扑救一般B类火灾，如油制品、油脂等火灾，也可用于A类火灾，但不能扑救B类火灾中的水溶性可燃、易燃液体的火灾，如醇、酯、醚、酮等物质火灾；也不能扑救带电设备及C类和D类火灾。

推车式空气泡沫灭火器适用于扑救一般B类火灾，如油制品、油脂等火灾，也可用于A类、F类火灾，不能扑救C类、D

类和 E 类火灾。

手提式空气泡沫灭火器基本上与化学泡沫灭火器相同。但抗溶泡沫灭火器还能扑救水溶性易燃、可燃液体的火灾，如醇、醚、酮等溶剂燃烧的初起火灾。

49. 应急预案演练分为哪几种？

答： 应急预案演练的分类有如下几种：

（1）按组织形式，应急预案演练可分为桌面演练和实战演练。

（2）按演练内容，应急预案演练可分为单项演练和综合演练。

（3）按演练目的与作用，应急预案演练可分为检验性演练、示范性演练和研究性演练。

不同类型的演练相互结合，可以形成单项桌面演练、综合桌面演练、单项实战演练、综合实战演练、示范性单项演练、示范性综合演练等。

50. 单位在开展应急预案演练之前应做好哪四项准备工作？

答： 单位在开展应急预案演练之前应做好这四项准备工作：制定演练计划、设计演练方案、演练动员与培训、应急预案演练保障。

51. 秋冬季节应当注意哪些防火安全事项？

答： 秋冬季节防火安全注意事项：

（1）秋冬季节风较大，应注意不要在室外生火和吸烟，预防未熄灭的柴火和烟头引发火灾。柴草等易燃物品要堆放在安全的地方，远离电线、火种。

（2）在使用煤气、液化气时要注意经常检查炉灶、阀门、管道和钢瓶等是否存在泄漏的情况，并作出及时的更换。

（3）严禁携带火种进入一些火灾危险性较大的场所，如化

工场所、油库、仓库等，并遵守其各项安全防火规定，服从
管理。

52. 为了自身安全，进入陌生场所应该先了解什么？

答：进入陌生场所时，应该先了解避难逃生方向，安全门、
楼梯位置是否关闭上锁，消防栓、灭火器具体位置。

**53. 为便于通行，单位内部楼道的常闭防火门是否可以保持
开启状态？**

答：不可以。按照国家建筑设计防火规范要求，常闭式防火
门平时应保持关闭状态。当人们打开并通过后，门上的闭门器又
会使防火门自动关闭。这样防火门在发生火灾后才能有效地阻挡
浓烟烈火的侵袭。常闭式防火门如果长期呈敞开状态，轻则无法
正常回位，重则可能破坏门框、门板，使其失去隔烟阻火的作
用。如果防火门失去作用，一旦发生火灾，很容易造成"小火"
酿成"大灾"。

**54. 如何判别燃气是否泄露？发现燃气泄漏时应该如何
处理？**

答：若发现燃气泄漏，辨别方法主要有以下几种：

（1）闻：为了安全起见，天然气都会人为添加增臭剂（如甲
硫醇等）进行加臭处理，泄漏量稍微加大，在使用过程中就可以
闻到臭味。

（2）听：如果泄漏比较严重，在安静环境下，即使较远处也
可以听到嘶嘶的泄漏声音。

（3）看：燃气设备全部关闭后可以检查燃气表，如果燃气表
的流量计依然在变化，则说明从燃气公司入户的接口到家里使用
的燃气用具存在漏气的地方。

（4）检查：可以使用肥皂水涂抹在疑似的泄漏点，比如管道的连接处，如果发现气泡出现，则说明存在泄漏。

如果发现疑似泄漏的情况，应第一时间远离泄漏场所后，立即打电话给燃气公司，请专业人员进行检测。

谨记发生燃气泄漏时，避免产生微小火花，引起爆炸：切勿开、关任何电器（如开关灯具、开启排气扇或抽油烟机等）；切勿在室内使用电话、手机；切勿使用火柴或打火机来测试漏气；若发现邻居家燃气泄漏应敲门告知，切勿按动门铃。

发现燃气泄漏时应该：

（1）不要用明火找漏，首先应绝对禁止一切能引起火花的行为，比如打开或关闭电灯、抽油烟机、排风扇等家用电器，火花会引起煤气燃烧，引发火灾。

（2）迅速关闭煤气总阀门，防止煤气继续泄漏。

（3）利用湿毛巾捂住口鼻，并马上打开窗户通风，让新鲜空气进来，可大大降低室内煤气的浓度。

（4）关上厨房门，避免煤气进入客厅和卧室内。

（5）快速移步至室外安全位置拨打燃气维修电话。

55. 吸烟时应注意哪些消防安全事项？

答：吸烟时应注意如下消防安全事项：

（1）不要躺在床上或沙发上吸烟。

（2）不要漫不经心，不管场合，随手乱扔烟头和火柴梗。

（3）不要在维修汽车和清洗机件时吸烟。

（4）不要在吸烟时让烟灰掉落在可燃物上。

（5）不要不看场合、地点乱弹烟灰。

（6）不要在匆忙时把未熄灭的烟头塞进衣服口袋。

（7）不要把点着的香烟随手乱放在可燃物上。

56．在储存和使用易燃液体的区域必须要有良好的通风条件，其主要目的是什么？

答：主要目的是防止易燃气体积聚而发生爆炸和火灾。

57．装卸和搬运易燃易爆化学物品时，是否可以拖、拉易燃易爆化学物品？

答：不可以。装卸和搬运易燃易爆化学物品时，要轻拿轻放，不准拖、拉、抛、滚，以免造成摩擦、撞击、静电引起火灾。

第二部分　应知应会试题

一、选择题

1.《中华人民共和国消防法》的立法目的，是为了预防火灾和减少火灾危害，加强应急救援工作，保护（　　）、财产安全，维护公共安全。

A. 生命

B. 财产

C. 人身

D. 公民人身

【答案】C

2. 依据《中华人民共和国消防法》，我国的消防工作方针是（　　）。

A. 安全第一，预防为主

B. 预防为主，防治结合

C. 预防为主，防消结合

D. 安全优先，强制管理

【答案】C

3. 依据《中华人民共和国消防法》，我国的消防工作原则是（　　）。

A. 政府统一监管、部门依法领导、单位全面负责、公民积极参与

B．政府统一领导、部门依法负责、单位全面参与、公民积极监管

C．政府统一领导、部门依法监管、单位全面负责、公民积极参与

D．政府统一监督、部门依法领导、单位全面参与、公民积极负责

【答案】C

4．依据《中华人民共和国消防法》，下列关于公民在消防工作中的权利和义务描述错误的是（　　）。

A．任何人都有维护消防安全、保护消防设施、预防火灾、报告火警的义务

B．任何人都有参加有组织的灭火工作的义务

C．任何人发现火灾都应当立即报警；任何单位、个人都应当无偿为报警提供便利，不得阻拦报警；严禁谎报火警

D．任何单位和个人都有权对住房和城乡建设主管部门、消防救援机构及其工作人员在执法中的违法行为进行检举、控告

【答案】B

5．依据《中华人民共和国消防法》，（　　）在具有火灾、爆炸危险的场所吸烟、使用明火。

A．禁止

B．没人管控时可以

C．经现场人员默许后可以

D．领导干部可以

【答案】A

6．依据《中华人民共和国消防法》，关于消防产品的要求错

误的是（　　　）。

A．消防产品必须符合国家标准；没有国家标准的，必须符合行业标准

B．禁止生产、销售或者使用不合格的消防产品以及国家明令淘汰的消防产品

C．依法实行强制性产品认证的消防产品，由具有法定资质的认证机构按照国家标准、行业标准的强制性要求认证合格后，方可生产、销售、使用

D．新研制的尚未制定国家标准、行业标准的消防产品，可以随意生产、销售、使用

【答案】D

7．依据《中华人民共和国消防法》，（　　　）不得损坏、挪用或者擅自拆除、停用消防设施、器材。

A．外单位人员

B．未成年人

C．任何单位、个人

D．普通员工

【答案】C

8．依据《中华人民共和国消防法》，关于灭火救援的说法错误的是（　　　）。

A．任何人发现火灾都应当立即报警，严禁谎报火警

B．人员密集场所发生火灾，该场所的现场工作人员应当立即组织、引导在场人员疏散

C．任何单位发生火灾，必须立即组织力量扑救

D．消防救援机构统一组织和指挥火灾现场扑救，应当优先

保障财产安全

【答案】D

9. 依据《中华人民共和国消防法》，消防车、消防艇前往执行火灾扑救或者应急救援任务，在确保安全的前提下，不受行驶速度、行驶路线、行驶方向和指挥信号的限制，其他车辆、船舶以及行人（　　）。

A. 应当让行，不得穿插超越

B. 正常行驶，无需让行

C. 可以让行，可以穿插超越

D. 应当让行，可以穿插超越

【答案】A

10. 依据《中华人民共和国消防法》，火灾扑灭后，发生火灾的单位和相关人员应当（　　）。

A. 立刻清理现场

B. 立刻恢复生产

C. 按照消防救援机构的要求保护现场，接受事故调查，如实提供与火灾有关的情况

D. 立刻确定火灾责任人

【答案】C

11. 依据《中华人民共和国消防法》，消防救援机构在消防监督检查中发现火灾隐患的，应当通知有关单位或者个人立即（　　）。

A. 查封现场

B. 处理责任人

C. 参加消防培训

D．采取措施消除隐患

【答案】D

12．依据《机关、团体、企业、事业单位消防安全管理规定》（中华人民共和国公安部令第 61 号），单位发生火灾时，应当立即（   ）。

A．追究相关人员责任

B．实施灭火和应急疏散预案

C．确定火灾损失

D．消除舆论影响

【答案】B

13．禁止生产、销售或使用未经（   ）确定的检验机构检验合格的消防产品。

A．各级公安机关

B．各级公安消防机构

C．各级人民政府

D．依照产品质量法的规定

【答案】D

14．在火灾发生后阻拦报警，或者负有报告职责的人员不及时报警的，给予（   ）处罚。

A．劳动教养

B．撤掉其电话

C．警告、500 元以下罚款或者 10 日以上 15 日以下拘留

D．以上都对

【答案】C

15．由于过失引起火灾，造成严重后果的行为，构成（   ）。

A．纵火罪

B．失火罪

C．玩忽职守罪

D．重大责任事故罪

【答案】B

16．关于疏散走道，说法正确的是（　　　）。

A．疏散走道不允许堆放杂物

B．疏散走道可以不设疏散指示标志

C．疏散走道可以设置屏风，只要是不燃烧体就行

D．疏散走道内不应设置阶梯、门槛、门垛等影响疏散的凸出物

【答案】A

17．单位在营业期间，下列做法错误的是（　　　）。

A．遮挡消防安全疏散指示标志

B．在安全出口处设置疏散标志

C．当营业场所人数过多时，限制进入人数

D．按照要求，设置足量的灭火器材

【答案】A

18．依据《火灾事故调查规定》，火灾事故调查的任务是（　　　）。

A．调查火灾原因，统计火灾损失

B．依法对火灾事故作出处理

C．总结火灾教训

D．以上选项都对

【答案】D

19. 下列关于公共娱乐场所消防安全管理规定的说法中不正确的是（   ）。

A. 公共娱乐场所应当依法办理消防设计审核、竣工验收和消防安全检查，其消防安全由经营者负责

B. 公共娱乐场所内可以带入和存放易燃易爆物品

C. 严禁在公共娱乐场所营业时进行设备检修、电气焊、油漆粉刷等施工、维修作业

D. 演出、放映场所的观众厅内禁止吸烟和明火照明

【答案】B

20. 公共娱乐场所营业时（   ）进行设备检修、电气焊、油漆粉刷等施工、维修作业。

A. 可以

B. 经审批可以

C. 视情况而定

D. 严禁

【答案】D

21. 某单位根据有关规定制定了消防应急疏散预案，在报警、接警处置程序中，下列说法错误的是（   ）。

A. 报警应说明着火单位、着火部位、有无人员被困及报警人姓名、电话等情况

B. 发现火灾后，应将火情报告给本单位值班领导和有关部门

C. 消防控制室值班员接到火灾报警信号后，应立即报告消防队和值班负责人

D. 单位领导接警后，应组织指挥初期火灾的扑救和人员的

疏散工作

【答案】C

22. 动火作业是指施工现场进行明火、爆破、焊接、气割或采用酒精炉、煤油炉、喷灯、砂轮、电钻等工具进行可能产生火焰、火花或赤热表面的临时性作业。为保证动火作业安全，下列施工现场动火作业不符合要求的是（   ）。

A. 施工现场动火作业前，应由动火作业人提出动火作业申请

B. 动火操作人员经过岗位理论和实践知识培训后，无须具备资格即可上岗作业

C. 严禁在裸露的可燃材料上直接进行动火作业

D. 焊接、切割、烘烤或加热等动火作业，应配备灭火器材

【答案】B

23. 防火门应（   ）。

A. 朝内开启

B. 朝外开启

C. 向疏散方向开启

D. 以上均可

【答案】C

24. 疏散出口门应能在关闭后从任何一侧（   ）。开向疏散楼梯（间）或疏散走道的门在完全开启时，不应减少楼梯平台或疏散走道的（   ）。

A. 自动开启   净宽度

B. 手动开启   净长度

C. 自动开启   有效净宽度

D．手动开启　　有效净宽度

【答案】D

25．某单位按照制定的消防应急预案，对初期火灾进行处置。下列程序或措施中，错误的是（　　）。

A．发现火灾时，起火部位现场员工应当于 1 min 内形成第一战斗力量

B．若火势扩大，单位应当于 5 min 内形成灭火第二战斗力量

C．疏散引导组按分工组织引导现场人员进行疏散

D．有关部位人员负责关闭空调系统和煤气总开关

【答案】B

26．下列选项中，不属于燃烧的发生和发展的必要条件的是（　　）。

A．可燃物

B．助燃物

C．引火源

D．热传导

【答案】D

27．木制桌椅燃烧时，不会出现的燃烧形式是（　　）。

A．分解燃烧

B．表面燃烧

C．熏烟燃烧

D．蒸发燃烧

【答案】D

28．下列粉尘中，不会发生爆炸的是（　　）。

A．生石灰

B．面粉

C．煤粉

D．铝粉

【答案】A

29．可燃气体和液体的蒸气与空气混合，遇着火源能够发生爆炸的最低浓度叫做（　　）。

A．爆炸温度下限

B．爆炸浓度下限

C．爆炸浓度上限

D．爆炸浓度极限

【答案】B

30．物质在空气中发生缓慢氧化和燃烧的共同点是（　　）。

A．放出热量

B．发光

C．达到着火点

D．必须都是气体

【答案】A

31．下列（　　）火灾不能用水扑灭。

A．棉布

B．家具

C．金属钾、钠

D．木材、纸张

【答案】C

32．下列选项中，（　　）不属于灭火的基本原理。

A．冷却窒息

B．隔离

C．化学抑制

D．关闭气源阀门

【答案】D

33．火灾初起阶段是扑救火灾（   ）的阶段。

A．最不利

B．最有利

C．较不利

D．较有利

【答案】B

34．水能扑救下列哪种火灾？（   ）

A．石油、汽油

B．熔化的铁水、钢水

C．高压电器设备

D．木材、纸张

【答案】D

35．遇到火灾时沉着、冷静，迅速正确逃生，（   ）。

A．不贪恋财物

B．不乘坐电梯

C．不盲目跳楼

D．以上均正确

【答案】D

36．发生火灾时，（   ）。

A．不能随便开启门窗

B．只能开门

C．只能开窗

D．门窗都不能打开

【答案】A

37．如果因电器引起火灾，在许可的情况下，你必须首先（　　）。

A．找寻适合的灭火器扑救

B．将有开关的电源关掉

C．大声呼叫

D．用扇子扇风灭火

【答案】B

38．如果高层建筑发生了火灾，你认为正确的做法是（　　）。

A．迅速往楼上跑，以防被烟熏致死

B．第一时间选择从电梯逃生

C．用湿毛巾捂住口鼻，低下身子沿墙壁或贴近地面跑出火区

D．从窗口跳下

【答案】C

39．高层建筑火灾，由于（　　）的作用，火势通过电梯井、共享空间、玻璃幕墙缝隙等途径迅速向着火层上层蔓延，甚至出现跳跃式燃烧。

A．火风压

B．烟囱效应

C．热传播

D．风力

【答案】B

40．用灭火器灭火时，灭火器该对准火焰的（　　　）。

A．上部

B．中部

C．根部

D．以上选项都对

【答案】C

41．消防应急预案演练可以按照组织形式、演练内容、演练目的与作用等不同方法进行划分。下列演练中属于按组织形式划分的是（　　　）。

A．单项演练

B．示范性演练

C．研究性演练

D．实战演练

【答案】D

42．安全色中的红色表示（　　　）。

A．提醒注意

B．通行

C．禁止、危险

D．停止

【答案】C

43．秋冬季节，应当注意（　　　）。

A．不要在室外生火和吸烟，预防未熄灭的柴火和烟头引发火灾

B．柴草等易燃物品要堆放在安全的地方，远离电线、火种

C. 严禁携带火种进入火灾危险性较大的场所

D. 以上做法都正确

【答案】D

44. 使用液化气或煤气，一定要养成（   ）的习惯。

A. 先点火、后开气

B. 先开气、后点火

C. 开气点火同时

D. 以上均可

【答案】A

45. 发现燃气泄漏，要速关阀门，打开门窗，不能（   ）。

A. 触动电器开关

B. 使用明火

C. 现场拨打电话

D. 以上全部

【答案】D

46. 检查液化石油气管道或阀门泄漏的正确方法是（   ）。

A. 用鼻子嗅

B. 用火试

C. 用肥皂水涂抹

D. 用试剂试

【答案】C

47. 抽烟时应该注意事项，正确的是（   ）。

A. 不躺在床上或沙发上吸烟，不乱扔烟头

B. 只要在床头或茶几上摆上烟灰缸，可以躺在床上或沙发上吸烟

C．烟头已经不冒烟了，可以把烟头扔在纸篓里

D．为了舒服，最好躺在床上一边玩手机一边抽烟

【答案】A

48．为了（   ），在储存和使用易燃液体的区域必须要有良好的通风。

A．防止易燃气体积聚而发生爆炸和火灾

B．冷却易燃液体

C．保持易燃液体的质量

D．防止发生窒息

【答案】A

二、判断题

1．禁止在具有火灾、爆炸危险的场所使用明火，因特殊情况需要使用明火作业的，应按照规定事先办好相关审批手续。

【答案】√

2．禁止生产、销售或者使用不合格的消防产品以及国家明令淘汰的消防产品。

【答案】√

3．个人可以挪用消防器材，遮挡消火栓或占用疏散通道。

【答案】×

4．发生火灾后，为尽快恢复生产，减少损失，受灾单位或个人不必经任何部门同意，可以清理或变动火灾现场。

【答案】×

5．严禁堵塞消防通道及随意挪用或损坏消防设施。

【答案】√

6．单位占用、堵塞、封闭疏散通道、安全出口或者有其他妨

碍安全疏散行为的，可以处五千元以上五万元以下罚款。

【答案】√

7. 指使或者强令他人违反消防安全规定，冒险作业，尚不构成犯罪的，处十日以上十五日以下拘留。

【答案】√

8. 消防安全重点单位对每名员工应当至少每年进行一次消防安全培训。

【答案】√

9. 单位应当组织新上岗和进入新岗位的员工进行上岗前的消防安全培训。

【答案】√

10. 干粉灭火器压力表指针应在绿色区域范围内。

【答案】√

11. 进行电焊、气焊等具有火灾危险作业的人员和自动消防系统的操作人员，不必持证上岗，但要遵守消防安全操作规程。

【答案】×

12. 多次爆炸是粉尘爆炸的最大特点。

【答案】√

13. 易燃液体、遇湿易燃物品、易燃固体均不得与氧化剂混合储存。

【答案】√

14. 从火场逃生时可以乘坐普通电梯，因为这样可以快些。

【答案】×

15. 普通泡沫灭火器可以扑灭电器火灾。

【答案】×

16. 用水可以扑救带电的火灾。

【答案】×

17. 电气火灾最基本原因是短路、过载、接触电阻过大。

【答案】√

18. 用灭火器灭火，最佳位置是上风或侧风位置。

【答案】√

19. 使用手提式灭火器顺序为：提起灭火器，拔出保险销拉环，握住喷嘴对准火源，人站在上风位置、用手压住提手（压把），这时灭火剂即可喷出。

【答案】√

20. 单位内部楼道的常闭防火门应保持常开状态，便于通行。

【答案】×

21. 常闭防火门开启后应该自动闭合。

【答案】√

22. 装卸和搬运易燃易爆化学物品时，要轻拿轻放，不准拖拉、抛、滚。

【答案】√

23. 室外消火栓在平日正常状态可用于生产取水。

【答案】×

三、简答题

1. 请分别简述消防工作的方针和原则。

【答案】消防工作的方针是预防为主、防消结合。

消防工作的原则是政府统一领导、部门依法监管、单位全面负责、公民积极参与。

2. 请简述消防安全四个能力的内容。

【答案】检查消防火灾隐患能力，组织扑救初期火灾能力，组织人员疏散逃生能力，消防宣传教育能力。

3. 发生火灾拨通"119"电话后？单位应报告哪些情况？并做好哪些准备工作？

【答案】

发生火灾拨通"119"电话后，单位应报告以下情况：

（1）要讲清楚着火单位和所在区县、街道、门牌号码等详细地址；

（2）要讲清什么物品着火，火势情况和起火部位，有无爆炸物品、危险化学品、是否有人员被围困；

（3）要讲清楚报警人的姓名、单位及使用的电话号码；

（4）要清楚、简洁回答消防队的询问。

报警后要派专人在路口等候消防车的到来，指引消防车去火场的道路，以便迅速、准确地到达起火地点。

4. 干粉灭火器的正确使用方法是什么？

【答案】干粉灭火器的正确使用方法：

（1）手提灭火器的提把，让灭火器保持水平/垂直的状态。

（2）拔掉灭火器上的保险销，也就是灭火器把手下的环状金属物，将金属环拔掉后才能喷出干粉。如果拔掉插销比较困难的话，还要将插销另一头的铅封拔除。

（3）人站在距离火焰3～5 m处，用灭火器喷管瞄准火源。此时一只手握住喷管的最前端，要注意控制好方向，而另一只手提起灭火器提把。

（4）手指压住灭火器的上下把杆，此时灭火器的开关就会被打开，会喷出干粉起到灭火功效。

5. 如何使用室内消火栓？

【答案】室内消火栓使用方法：

（1）打开消防栓箱，按下火警按钮（如有）；

（2）延伸水带；

（3）将水带一端与消火栓接口连接，另一端与水枪连接；

（4）转开止水阀；

（5）双手握紧水带及水枪头，对准火点射水。

第一部分　基础知识

1. 依据《中华人民共和国消防法》，全国的消防工作由谁领导？

答：国务院领导全国的消防工作。地方各级人民政府负责本行政区域内的消防工作。各级人民政府应当将消防工作纳入国民经济和社会发展计划，保障消防工作与经济社会发展相适应。

2. 依据《中华人民共和国消防法》，机关、团体、企业、事业等单位应当履行哪些消防安全职责？谁是本单位的消防安全责任人？

答：机关、团体、企业、事业等单位应当履行下列消防安全职责：

（1）落实消防安全责任制，制定本单位的消防安全制度、消防安全操作规程，制定灭火和应急疏散预案；

（2）按照国家标准、行业标准配置消防设施、器材，设置消防安全标志，并定期组织检验、维修，确保完好有效；

（3）对建筑消防设施每年至少进行一次全面检测，确保完好有效，检测记录应当完整准确，存档备查；

（4）保障疏散通道、安全出口、消防车通道畅通，保证防火防烟分区、防火间距符合消防技术标准；

（5）组织防火检查，及时消除火灾隐患；

（6）组织进行有针对性的消防演练；

（7）法律、法规规定的其他消防安全职责。

单位的主要负责人是本单位的消防安全责任人。

3. 依据《中华人民共和国消防法》，如何确定消防安全重点单位？

答：县级以上地方人民政府消防救援机构应当将发生火灾可能性较大以及发生火灾可能造成重大的人身伤亡或者财产损失的单位，确定为本行政区域内的消防安全重点单位，并由应急管理部门报本级人民政府备案。

4. 依据《中华人民共和国消防法》，消防安全重点单位除应当履行机关、团体、企业、事业等单位消防安全职责外，还应当履行哪些消防安全职责？

答：消防安全重点单位除应当履行本法第十六条规定的职责外，还应当履行下列消防安全职责：

（1）确定消防安全管理人，组织实施本单位的消防安全管理工作；

（2）建立消防档案，确定消防安全重点部位，设置防火标志，实行严格管理；

（3）实行每日防火巡查，并建立巡查记录；

（4）对职工进行岗前消防安全培训，定期组织消防安全培训和消防演练。

5. 依据《中华人民共和国消防法》，实行承包、租赁或者委托经营、管理时应当如何进行消防安全管理？

答： 实行承包、租赁或者委托经营、管理时，产权单位应当提供符合消防安全要求的建筑物，当事人在订立的合同中依照有关规定明确各方的消防安全责任；消防车通道、涉及公共消防安全的疏散设施和其他建筑消防设施应当由产权单位或者委托管理的单位统一管理。

承包、承租或者受委托经营、管理的单位应当遵守本规定，在其使用、管理范围内履行消防安全职责。

6. 依据《中华人民共和国消防法》，同一建筑物由两个以上单位管理或者使用的，应当如何进行消防安全管理？

答： 同一建筑物由两个以上单位管理或者使用的，应当明确各方的消防安全责任，并确定责任人对共用的疏散通道、安全出口、建筑消防设施和消防车通道进行统一管理。

7. 依据《中华人民共和国消防法》，消防救援机构和公安派出所对机关、团体、企业、事业等单位监督检查的范围是什么？

答： 消防救援机构应当对机关、团体、企业、事业等单位遵守消防法律、法规的情况依法进行监督检查。公安派出所可以负责日常消防监督检查、开展消防宣传教育，具体办法由国务院公安部门规定。

8. 依据《中华人民共和国消防法》，建设工程的消防设计、施工应满足什么要求？建设工程的消防设计、施工质量由谁负责？

答： 建设工程的消防设计、施工必须符合国家工程建设消防技术标准。建设、设计、施工、工程监理等单位依法对建设工程的消防设计、施工质量负责。

9.《中华人民共和国消防法》对建筑工程消防设计、审核、施工及验收有哪些规定？

答：按照国家工程建筑消防技术标准需要进行消防设计的建筑工程，设计单位应当按照国家工程建筑消防技术标准进行设计，建设单位应当将建筑工程的消防设计图纸及有关资料报送公安消防机构审核；未经审核或者经审核不合格的，建设行政主管部门不得发给施工许可证，建设单位不得施工。经公安消防机构审核的建筑工程消防设计需要变更的，应当报经原审核的公安消防机构核准；未经核准的，任何单位、个人不得变更。按照国家工程建筑消防技术标准进行消防设计的建筑工程竣工时，必须经公安消防机构进行消防验收，未经验收或者验收不合格的，不得投入使用。

10.《中华人民共和国消防法》对消防设计审查、消防验收、备案抽查和消防安全检查的监督检查有什么要求？

答：住房和城乡建设主管部门、消防救援机构及其工作人员应当按照法定的职权和程序进行消防设计审查、消防验收、备案抽查和消防安全检查，做到公正、严格、文明、高效。

住房和城乡建设主管部门、消防救援机构及其工作人员进行消防设计审查、消防验收、备案抽查和消防安全检查等，不得收取费用，不得利用职务谋取利益；不得利用职务为用户、建设单位指定或者变相指定消防产品的品牌、销售单位或者消防技术服务机构、消防设施施工单位。

住房和城乡建设主管部门、消防救援机构及其工作人员执行职务，应当自觉接受社会和公民的监督。

任何单位和个人都有权对住房和城乡建设主管部门、消防救援机构及其工作人员在执法中的违法行为进行检举、控告。收到检举、控告的机关，应当按照职责及时查处。

11. 依据《中华人民共和国消防法》，举办大型群众性活动，承办人应当向什么机关部门申请安全许可？

答： 举办大型群众性活动，承办人应当依法向公安机关申请安全许可，制定灭火和应急疏散预案并组织演练，明确消防安全责任分工，确定消防安全管理人员，保持消防设施和消防器材配置齐全、完好有效，保证疏散通道、安全出口、疏散指示标志、应急照明和消防车通道符合消防技术标准和管理规定。

12. 依据《中华人民共和国消防法》，哪些单位应当建立单位专职消防队，承担本单位的火灾扑救工作？

答： 下列单位应当建立单位专职消防队，承担本单位的火灾扑救工作：

（1）大型核设施单位、大型发电厂、民用机场、主要港口；

（2）生产、储存易燃易爆危险品的大型企业；

（3）储备可燃的重要物资的大型仓库、基地；

（4）第一项、第二项、第三项规定以外的火灾危险性较大、距离国家综合性消防救援队较远的其他大型企业；

（5）距离国家综合性消防救援队较远、被列为全国重点文物保护单位的古建筑群的管理单位。

13. 依据《中华人民共和国消防法》，国家综合性消防救援队、专职消防队在扑救火灾、应急救援时能否收取费用，单位专职消防队、志愿消防队参加扑救外单位火灾所损耗装备和器材应当由谁补偿？

答： 国家综合性消防救援队、专职消防队扑救火灾、应急救援，不得收取任何费用。单位专职消防队、志愿消防队参加扑救外单位火灾所损耗的燃料、灭火剂和器材、装备等，由火灾发生地的人民政府给予补偿。

14. 依据《中华人民共和国消防法》，生产、储存、经营易燃易爆危险品的场所与居住场所设置在同一建筑物内，或者未与居住场所保持安全距离的，会受到什么处罚？

答：生产、储存、经营易燃易爆危险品的场所与居住场所设置在同一建筑物内，或者未与居住场所保持安全距离的，责令停产停业，并处五千元以上五万元以下罚款。

15. 违反《中华人民共和国消防法》规定，存在哪些行为，由住房和城乡建设主管部门、消防救援机构按照各自职权责令停止施工、停止使用或者停产停业，并处三万元以上三十万元以下罚款？

答：违反本法规定，有下列行为之一的，由住房和城乡建设主管部门、消防救援机构按照各自职权责令停止施工、停止使用或者停产停业，并处三万元以上三十万元以下罚款：

（1）依法应当进行消防设计审查的建设工程，未经依法审查或者审查不合格，擅自施工的；

（2）依法应当进行消防验收的建设工程，未经消防验收或者消防验收不合格，擅自投入使用的；

（3）本法第十三条规定的其他建设工程验收后经依法抽查不合格，不停止使用的；

（4）公众聚集场所未经消防救援机构许可，擅自投入使用、营业的，或者经核查发现场所使用、营业情况与承诺内容不符的。

16. 建设单位未依照《中华人民共和国消防法》规定，在验收后报住房和城乡建设主管部门备案的，会受到什么处罚？

答： 建设单位未依照本法规定在验收后报住房和城乡建设主管部门备案的，由住房和城乡建设主管部门责令改正，处五千元以下罚款。

17. 违反《中华人民共和国消防法》规定，存在哪些行为，由住房和城乡建设主管部门责令改正或者停止施工，并处一万元以上十万元以下罚款？

答： 违反本法规定，有下列行为之一的，由住房和城乡建设主管部门责令改正或者停止施工，并处一万元以上十万元以下罚款：

（1）建设单位要求建筑设计单位或者建筑施工企业降低消防技术标准设计、施工的；

（2）建筑设计单位不按照消防技术标准强制性要求进行消防设计的；

（3）建筑施工企业不按照消防设计文件和消防技术标准施工，降低消防施工质量的；

（4）工程监理单位与建设单位或者建筑施工企业串通，弄虚作假，降低消防施工质量的。

18. 依据《中华人民共和国刑法》，消防责任事故罪是指什么？会受到什么处罚？

答： 消防责任事故罪是指违反消防管理法规，经消防监督机构通知采取改正措施而拒绝执行，造成严重后果的，对直接责任人员，处三年以下有期徒刑或者拘役；后果特别严重的，处三年以上七年以下有期徒刑。

19. 依据《机关、团体、企业、事业单位消防安全管理规定》

（中华人民共和国公安部令第 61 号），建筑工程施工现场的消防安全由谁负责？对建筑物进行局部改建、扩建和装修的工程，建设单位与施工单位在订立合同时应明确哪些内容？

答： 建筑工程施工现场的消防安全由施工单位负责。实行施工总承包的，由总承包单位负责。分包单位向总承包单位负责，服从总承包单位对施工现场的消防安全管理。

对建筑物进行局部改建、扩建和装修的工程，建设单位应当与施工单位在订立的合同中明确各方对施工现场的消防安全责任。

20. 依据《机关、团体、企业、事业单位消防安全管理规定》，应由谁担任本单位的消防安全责任人，并对本单位的消防安全工作全面负责？

答： 法人单位的法定代表人或者非法人单位的主要负责人是单位的消防安全责任人，对本单位的消防安全工作全面负责。

21. 依据《机关、团体、企业、事业单位消防安全管理规定》，单位的消防安全责任人应当履行的消防安全职责有哪些？

答： 单位的消防安全责任人应当履行下列消防安全职责：

（1）贯彻执行消防法规，保障单位消防安全符合规定，掌握本单位的消防安全情况；

（2）将消防工作与本单位的生产、科研、经营、管理等活动统筹安排，批准实施年度消防工作计划；

（3）为本单位的消防安全提供必要的经费和组织保障；

（4）确定逐级消防安全责任，批准实施消防安全制度和保障消防安全的操作规程；

（5）组织防火检查，督促落实火灾隐患整改，及时处理涉及消防安全的重大问题；

（6）根据消防法规的规定建立专职消防队、义务消防队；

（7）组织制定符合本单位实际的灭火和应急疏散预案，并实施演练。

22. 依据《机关、团体、企业、事业单位消防安全管理规定》，单位消防安全管理人负责哪些消防安全管理工作？

答： 单位可以根据需要确定本单位的消防安全管理人。消防安全管理人对单位的消防安全责任人负责，实施和组织落实下列消防安全管理工作：

（1）拟订年度消防工作计划，组织实施日常消防安全管理工作；

（2）组织制订消防安全管理制度和保障消防安全的操作规程并检查督促其落实；

（3）拟订消防安全工作的资金投入和组织保障方案；

（4）组织实施防火检查和火灾隐患整改工作；

（5）组织实施对本单位消防设施、灭火器材和消防安全标志的维护保养，确保其完好有效，确保疏散通道和安全出口畅通；

（6）组织管理专职消防队和义务消防队；

（7）在员工中组织开展消防知识、技能的宣传教育和培训，组织灭火和应急疏散预案的实施和演练；

（8）单位消防安全责任人委托的其他消防安全管理工作。

23. 依据《机关、团体、企业、事业单位消防安全管理规定》，什么单位应当设置或者确定消防工作的归口管理职能部门，并确定专职或者兼职的消防管理人员？

答： 消防安全重点单位应当设置或者确定消防工作的归口管

理职能部门，并确定专职或者兼职的消防管理人员；其他单位应当确定专职或者兼职消防管理人员，可以确定消防工作的归口管理职能部门。归口管理职能部门和专兼职消防管理人员在消防安全责任人或者消防安全管理人的领导下开展消防安全管理工作。

24．依据《机关、团体、企业、事业单位消防安全管理规定》，单位应当将哪些部位纳入消防安全重点部位管理？请列举本单位消防重点部位有哪些？

答：单位应当将容易发生火灾、一旦发生火灾可能严重危及人身和财产安全以及对消防安全有重大影响的部位确定为消防安全重点部位，设置明显的防火标志，实行严格管理。

消防重点部位：化工生产车间、油漆、烘烤、熬炼、木工、电焊气割操作间，托儿所、集体宿舍、医院病房、消防控制室、消防水泵房等。

25．依据《机关、团体、企业、事业单位消防安全管理规定》，对于有两个以上产权单位和使用单位的建筑物应当如何开展消防安全管理？

答：对于有两个以上产权单位和使用单位的建筑物，各产权单位、使用单位对消防车通道、涉及公共消防安全的疏散设施和其他建筑消防设施应当明确管理责任，可以委托统一管理。

26．依据《机关、团体、企业、事业单位消防安全管理规定》，对哪些违反消防安全规定的行为，单位应当责成有关人员当场改正并督促落实？

答：对下列违反消防安全规定的行为，单位应当责成有关人员当场改正并督促落实：

（1）违章进入生产、储存易燃易爆危险物品场所的；

（2）违章使用明火作业或者在具有火灾、爆炸危险的场所吸烟、使用明火等违反禁令的；

（3）将安全出口上锁、遮挡，或者占用、堆放物品影响疏散通道畅通的；

（4）消火栓、灭火器材被遮挡影响使用或者被挪作他用的；

（5）常闭式防火门处于开启状态，防火卷帘下堆放物品影响使用的；

（6）消防设施管理、值班人员和防火巡查人员脱岗的；

（7）违章关闭消防设施、切断消防电源的；

（8）其他可以当场改正的行为。

违反前款规定的情况以及改正情况应当有记录并存档备查。

27. 依据《机关、团体、企业、事业单位消防安全管理规定》，对不能当场改正的火灾隐患应当如何管理？在火灾隐患未消除之前，单位应当采取什么措施？

答： 对不能当场改正的火灾隐患，消防工作归口管理职能部门或者专兼职消防管理人员应当根据本单位的管理分工，及时将存在的火灾隐患向单位的消防安全管理人或者消防安全责任人报告，提出整改方案。消防安全管理人或者消防安全责任人应当确定整改的措施、期限以及负责整改的部门、人员，并落实整改资金。

在火灾隐患未消除之前，单位应当落实防范措施，保障消防安全。不能确保消防安全，随时可能引发火灾或者一旦发生火灾将严重危及人身安全的，应当将危险部位停产停业整改。

28. 依据《机关、团体、企业、事业单位消防安全管理规定》，火灾隐患整改完毕后应当由谁签字确认？

答： 火灾隐患整改完毕，负责整改的部门或者人员应当将整改情况记录报送消防安全责任人或者消防安全管理人签字确认后存档备查。

29. 依据《机关、团体、企业、事业单位消防安全管理规定》，消防安全重点单位应当按照灭火和应急疏散预案，多长时间进行一次演练？

答：消防安全重点单位应当按照灭火和应急疏散预案，至少每半年进行一次演练，并结合实际，不断完善预案。其他单位应当结合本单位实际，参照制定相应的应急方案，至少每年组织一次演练。

30. 依据《机关、团体、企业、事业单位消防安全管理规定》，单位应当多久进行一次防火检查，检查内容应当包括什么？

答：机关、团体、事业单位应当至少每季度进行一次防火检查，其他单位应当至少每月进行一次防火检查。检查的内容应当包括：

（1）火灾隐患的整改情况以及防范措施的落实情况；

（2）安全疏散通道、疏散指示标志、应急照明和安全出口情况；

（3）消防车通道、消防水源情况；

（4）灭火器材配置及有效情况；

（5）用火、用电有无违章情况；

（6）重点工种人员以及其他员工消防知识的掌握情况；

（7）消防安全重点部位的管理情况；

（8）易燃易爆危险物品和场所防火防爆措施的落实情况以及其他重要物资的防火安全情况；

（9）消防（控制室）值班情况和设施运行、记录情况；

（10）防火巡查情况；

（11）消防安全标志的设置情况和完好、有效情况；

（12）其他需要检查的内容。

31. 依据《机关、团体、企业、事业单位消防安全管理规定》，消防安全重点单位应当进行每日防火巡查，并确定巡查的人员、内容、部位和频次。其他单位可以根据需要组织防火巡查。巡查的内容应当包括什么？

答：巡查的内容应当包括：

（1）用火、用电有无违章情况；

（2）安全出口、疏散通道是否畅通，安全疏散指示标志、应急照明是否完好；

（3）消防设施、器材和消防安全标志是否在位、完整；

（4）常闭式防火门是否处于关闭状态，防火卷帘下是否堆放物品影响使用；

（5）消防安全重点部位的人员在岗情况；

（6）其他消防安全情况。

32. 依据《机关、团体、企业、事业单位消防安全管理规定》，单位应当如何管理建筑消防设施和灭火器材？

答：单位应当按照建筑消防设施检查维修保养有关规定的要求，对建筑消防设施的完好有效情况进行检查和维修保养。设有自动消防设施的单位，应当按照有关规定定期对其自动消防设施进行全面检查测试，并出具检测报告，存档备查。单位应当按照有关规定定期对灭火器进行维护保养和维修检查。对灭火器应当建立档案资料，记明配置类型、数量、设置位置、检查维修单位（人员）、更换药剂的时间等有关情况。

33. 依据《高层民用建筑消防安全管理规定》(中华人民共和国应急管理部令第 5 号),谁是高层民用建筑消防安全责任主体?

答: 高层民用建筑的业主、使用人是高层民用建筑消防安全责任主体,对高层民用建筑的消防安全负责。

34. 依据《高层民用建筑消防安全管理规定》,高层公共建筑的业主、使用人、物业服务企业或者统一管理人应当明确专人担任消防安全管理人,负责整栋建筑的消防安全管理工作,并公示哪些信息?

答: 高层公共建筑的业主、使用人、物业服务企业或者统一管理人应当明确专人担任消防安全管理人,负责整栋建筑的消防安全管理工作,并在建筑显著位置公示其姓名、联系方式和消防安全管理职责。

35. 依据《建设工程消防设计审查验收管理暂行规定》(中华人民共和国住房和城乡建设部令第 51 号),消防设计审查、消防验收、备案和抽查工作由什么部门负责?

答: 国务院住房和城乡建设主管部门负责指导监督全国建设工程消防设计审查验收工作。

县级以上地方人民政府住房和城乡建设主管部门(以下简称消防设计审查验收主管部门)依职责承担本行政区域内建设工程的消防设计审查、消防验收、备案和抽查工作。

跨行政区域建设工程的消防设计审查、消防验收、备案和抽查工作,由该建设工程所在行政区域消防设计审查验收主管部门共同的上一级主管部门指定负责。

36. 依据《建筑防火通用规范》(GB 55037—2022),仓库内是否可以设置宿舍和办公室？

答： 仓库内不应设置员工宿舍及与库房运行、管理无直接关系的其他用房。甲、乙类仓库内不应设置办公室、休息室等辅助用房，不应与办公室、休息室等辅助用房及其他场所贴邻。丙、丁类仓库内的办公室、休息室等辅助用房，应采用防火门、防火窗、耐火极限不低于 2.00 h 的防火隔墙和耐火极限不低于 1.00 h 的楼板与其他部位分隔，并应设置独立的安全出口。

37．依据《社会单位灭火和应急疏散预案编制及实施导则》（GB/T 38315—2019），预案的主要内容包括哪些？

答： 预案的主要内容包括编制目的、编制依据、适用范围、应急工作原则、单位基本情况、火灾情况设定、组织机构及职责、应急响应、应急保障、应急响应结束和后期处置。

38．依据《消防安全标准化评分细则》（Q/QJB 333A—2022），各单位应建立防火安全委员会，防火安全委员会应如何开展工作？

答： 单位应建立以主要负责人为主任的防火安全委员会，明确防火安全委员会成员职责。防火安全委员会每季度应至少召开一次会议，研究本单位消防安全工作，审议消防经费投入、消防设施设备购置、火灾隐患整改等重大问题。

39．依据《消防安全标准化考核评分细则》（Q/QJB 333A—2022），中国航天科工集团有限公司消防安全标准化考评科研生产经营管理类单位和建筑施工类单位满分分别是多少分？

答： 科研生产经营管理类单位满分为 800 分，建筑施工类单位满分为 1000 分。

40．依据《消防安全标准化考核评分细则》（Q/QJB 333A—

2022），中国航天科工集团有限公司消防安全标准化考核周期为多长时间？

答： 消防安全标准化等级证书和牌匾有效期为三年（有效期内发生火灾死亡责任事故撤销评级证书和牌匾），三年后重新申请评审。

41. 依据《消防安全标准化考核评分细则》（Q/QJB 333A—2022），消防安全标准化考评等级共分为几个等级？是如何划分的？

答： 消防安全标准化考评等级分为一级、二级和三级，一级最高，三级最低。

消防安全标准化根据考评综合得分情况，将考评结果划分为三级：

（1）一级：消防安全标准化考核评分90分（含）以上；

（2）二级：消防安全标准化考核评分80分（含）以上90分（不含）以下；

（3）三级：消防安全标准化考核评分60分（含）以上80分（不含）以下；

单位消防安全标准化考核评分小于60分（不含）的，为不达标。

42. 依据《消防安全标准化评分细则》（Q/QJB 333A—2022），应当对哪些人员组织专门培训？

答： 消防安全责任人、消防安全管理人、专兼职消防管理人员、消防安全重点部位责任人、与消防安全有关的重点工种人员、灭火和应急疏散预案中承担相应任务的人员等重点岗位人员应组织专门培训。

第二部分　应知应会试题

一、选择题

1.（　　）领导全国的消防工作，地方各级人民政府负责本行政区域内的消防工作。

A. 全国人大常委会　　　　　B. 公安部

C. 国务院　　　　　　　　　D. 国家安全生产委员会

【答案】C

2. 同一建筑物由两个以上单位管理或者使用的，应当明确（　　）的消防安全责任，并确定责任人对共用的疏散通道、安全出口、（　　）进行统一管理。

A. 产权方　　消防器材和消防控制室

B. 主要使用方　　消防器材和消防控制室

C. 主要管理方　　消防器材和消防车通道

D. 各方　　消防设施和消防车通道

【答案】D

3. 依据《中华人民共和国消防法》，消防救援机构应当对机关、团体、企业、事业等单位（　　）的情况依法进行监督检查。

A. 安全生产　　　　　　　　B. 反腐倡廉

C. 遵守消防法律、法规　　　D. 党建工作

【答案】C

4. 依据《中华人民共和国消防法》，（　　）等单位依法对建设工程的消防设计、施工质量负责。

A. 建设、设计、施工、工程监理

B. 建设行政主管部门

C. 政府消防管理机构

D. 当地人民政府

【答案】A

5. 依据《中华人民共和国消防法》，下列有关消防设计审查、消防验收、备案抽查和消防安全检查的说法，正确的是（　　）。

A. 住房和城乡建设主管部门、消防救援机构及其工作人员可以根据实际情况自行决定是否进行消防设计审查、消防验收、备案抽查和消防安全检查

B. 住房和城乡建设主管部门、消防救援机构及其工作人员进行消防设计审查、消防验收、备案抽查和消防安全检查等，可以根据实际情况收取一定的费用

C. 住房和城乡建设主管部门、消防救援机构及其工作人员可以为用户、建设单位指定或者变相指定消防产品的品牌、销售单位或者消防技术服务机构、消防设施施工单位

D. 住房和城乡建设主管部门、消防救援机构及其工作人员应当按照法定的职权和程序进行消防设计审查、消防验收、备案抽查和消防安全检查

【答案】D

6. 依据《中华人民共和国消防法》，举办大型群众性活动，承办人应当依法向（　　）申请安全许可。

A. 工商行政管理部门　　　　B. 公安机关

C．安全生产监督部门　　　D．产品质量监督部门

【答案】B

7．下列哪些单位应当建立单位专职消防队，承担本单位的火灾扑救工作？（　　）

A．生产、储存易燃易爆危险品的大型企业

B．学校

C．机械制造厂

D．食品加工厂

【答案】A

8．单位专职消防队、志愿消防队参加扑救外单位火灾所损耗的燃料、灭火剂和器材、装备等，由火灾发生地的（　　）给予补偿。

A．人民政府　　　　　　　B．火灾发生单位

C．救援单位　　　　　　　D．街道办事处

【答案】A

9．生产、储存、经营易燃易爆危险品的场所（　　）与居住场所设置在同一建筑物内。

A．可以

B．不得

C．设置一定的安全措施情况下可以

D．经领导审批后可以

【答案】B

10．建设单位未依照《中华人民共和国消防法》规定在验收后报住房和城乡建设主管部门备案的，由住房和城乡建设主管部门责令改正，处（　　）罚款。

A. 五千元以下 　　　　B. 三千元以下

C. 二千元以下 　　　　D. 一千元以下

【答案】A

11. 违反《中华人民共和国消防法》规定，有下列（　　）行为的，由住房和城乡建设主管部门责令改正或者停止施工，并处一万元以上十万元以下罚款。

A. 占用、堵塞、封闭消防车通道，妨碍消防车通行的

B. 人员密集场所在门窗上设置影响逃生和灭火救援的障碍物的

C. 对火灾隐患经消防救援机构通知后不及时采取措施消除的

D. 工程监理单位与建设单位或者建筑施工企业串通，弄虚作假，降低消防施工质量的

【答案】D

12. 依据《中华人民共和国消防法》，单位消防设施、器材或者消防安全标志的配置、设置不符合国家标准、行业标准，或者未保持完好有效的，责令改正，处（　　）罚款。

A. 五千元以上五万元以下 　　B. 五千元以上十万元以下

C. 五万元以上十万元以下 　　D. 五百元以下

【答案】A

13. 依据《中华人民共和国刑法》，（　　）是指违反消防管理法规，经消防监督机构通知采取改正措施而拒绝执行，造成严重后果的，危害公共安全的行为。

A. 消防责任事故罪 　　　　B. 重大责任事故罪

C. 重大劳动安全事故罪 　　D. 失火罪

【答案】A

14．对建筑物进行局部改建（含室内装修）、扩建时，应当与（　　　）在签订的合同中明确各方对施工现场的消防安全责任。

A．设计单位　　　　　　　B．管理单位

C．施工单位　　　　　　　D．监理单位

【答案】C

15．依据《机关、团体、企业、事业单位消防安全管理规定》（中华人民共和国公安部令第61号），建筑工程施工现场的消防安全由（　　　）负责。

A．建设单位　　　　　　　B．施工单位

C．设计单位　　　　　　　D．监理单位

【答案】B

16．依据《机关、团体、企业、事业单位消防安全管理规定》，法人单位的主要法定代表人或者非法人单位的（　　　）是单位的消防安全责任人，对本单位的消防安全工作全面负责。

A．安全生产管理人员　　　B．分管安全生产的领导

C．主要负责人　　　　　　D．工会主席

【答案】C

17．下列选项（　　　）不属于单位消防安全责任人应当履行的消防安全职责。

A．贯彻执行消防法规，保障单位消防安全符合规定，掌握本单位的消防安全情况

B．为本单位的消防安全提供必要的经费和组织保障

C．根据消防法规的规定建立专职消防队、义务消防队

D．组织制订消防安全管理制度和保障消防安全的操作规程

并检查督促其落实

【答案】D

18．下列选项（　　）不属于消防安全管理人的消防安全管理工作。

A．拟订年度消防工作计划，组织实施日常消防安全管理工作

B．组织防火检查，督促落实火灾隐患整改，及时处理涉及消防安全的重大问题

C．组织制订消防安全管理制度和保障消防安全的操作规程并检查督促其落实

D．组织实施防火检查和火灾隐患整改工作

【答案】B

19．（　　）对单位消防安全负责人负责，实施和组织落实消防安全管理工作。

A．各部门负责人　　　　　B．消防安全管理人

C．各岗位人员　　　　　　D．义务消防队员

【答案】B

20．依据《机关、团体、企业、事业单位消防安全管理规定》，对于两个以上产权单位和使用单位的建筑物，各产权单位、使用单位对消防车通道、涉及公共消防安全的疏散设施和其他建筑消防设施应当明确管理责任，可以（　　）。

A．委托统一管理　　　　　B．各自管理

C．互不管理　　　　　　　D．口头约定

【答案】A

21．下列选项（　　）不属于单位组织防火检查的主要内容。

A. 火灾隐患的整改情况以及防范措施的落实情况

B. 安全疏散通道、疏散指示标志、应急照明和安全出口情况

C. 用火、用电有无违章情况

D. 行政人员出勤情况

【答案】D

22. 依据《中华人民共和国消防法》，机关、团体、企业、事业等单位，应当至少（　　）对本单位建筑消防设施进行一次全面检测，确保完好有效，检测记录应当完整准确，存档备查。

A. 每月　　　　　　　　B. 每季度

C. 每半年　　　　　　　D. 每年

【答案】D

23. 依据《机关、团体、企业、事业单位消防安全管理规定》，有关消防设施、灭火器材维修保养检测的说法，错误的是（　　）。

A. 单位应当按照建筑消防设施检查维修保养有关规定的要求，对建筑消防设施的完好有效情况进行检查和维修保养

B. 设有自动消防设施的单位，应当按照有关规定定期对其自动消防设施进行全面检查测试，并出具检测报告，存档备查

C. 单位可以通过加强防火巡查替代消防设施维保检测

D. 单位应当按照有关规定定期对灭火器进行维护保养和维修检查

【答案】C

24. 高层民用建筑的消防安全职责，应由（　　）负责。

A. 公安消防机构

B. 公安派出所

C. 业主、使用人

D. 居委会

【答案】C

25. 高层公共建筑的业主、使用人、物业服务企业或者统一管理人应当明确专人担任消防安全管理人，负责整栋建筑的消防安全管理工作，并在建筑显著位置公示其姓名、联系方式和（　　）。

A. 年龄和性别　　　　　　B. 家庭住址

C. 兴趣爱好　　　　　　　D. 消防安全管理职责

【答案】D

26. 仓库内（　　）设置员工宿舍。

A. 可以

B. 不应

C. 可根据厂房火灾危险等级

D. 可根据员工人数

【答案】B

27. 各单位应建立以（　　）为主任的防火安全委员会，（　　）应至少召开一次会议，研究本单位消防安全工作，审议消防经费投入、消防设施设备购置、火灾隐患整改等重大问题。

A. 主要负责人　　每月　　　B. 主要负责人　　每季度

C. 消防管理人　　每月　　　D. 消防管理人　　每季度

【答案】B

28. 中国航天科工集团有限公司消防安全标准化考评科研生产经营管理类单位满分为（　　）。

A. 500 分　　　　　　　　B. 600 分

C. 800 分　　　　　　　　D. 1000 分

【答案】C

29. 某单位在中国航天科工集团有限公司消防安全标准化考核评分为 87.60 分，其考评结果为（　　　）。

A. 一级　　　　　　　　B. 二级

C. 三级　　　　　　　　D. 不合格

【答案】B

二、判断题

1. 建设工程的消防设计、施工必须符合国家工程建设消防技术标准。

【答案】√

2. 应急管理部负责指导监督全国建设工程消防设计审查验收工作。

【答案】×

3. 生产、储存易燃易爆危险品的大型企业应当建立单位专职消防队。

【答案】√

4. 生产、储存、经营易燃易爆危险品的场所与居住场所设置在同一建筑物内的，责令停产停业，并处五千元以上五万元以下罚款。

【答案】√

5. 依法应当进行消防验收的建设工程，未经消防验收或者消防验收不合格，擅自投入使用的，由住房和城乡建设主管部门、消防救援机构按照各自职权责令停止施工、停止使用或者停产停业,并处三万元以上三十万元以下罚款。

【答案】✓

6. 建设单位要求建筑设计单位或者建筑施工企业降低消防技术标准设计、施工的,由住房和城乡建设主管部门责令改正或者停止施工,并处一万元以上十万元以下罚款。

【答案】✓

7. 建筑工程施工现场的消防安全由建设单位负责。

【答案】✕

8. 消防安全重点单位应当设置或者确定消防工作的归口管理职能部门,并确定专职或者兼职的消防管理人员。

【答案】✓

9. 单位应当将容易发生火灾、一旦发生火灾可能严重危及人身和财产安全以及对消防安全有重大影响的部位确定为消防安全重点部位,设置明显的防火标志,实行严格管理。

【答案】✓

10. 当安全出口上锁、遮挡,或者占用、堆放物品影响疏散通道畅通时,单位应当责令有关人员当场改正并督促落实。

【答案】✓

11. 单位应对建筑消防设施每年至少进行一次全面检测,确保完好有效,检测记录应当完整准确,存档备查。

【答案】✓

12. 消防安全标准化等级证书和牌匾有效期为三年(有效期内发生火灾死亡责任事故撤销评级证书和牌匾),三年后重新申请评审。

【答案】✓

13. 单位消防安全标准化考核评分小于 60 分（不含）的，为不达标。

【答案】√

14. 中国航天科工集团有限公司消防安全标准化考评等级分为一级、二级和三级，一级最低，三级最高。

【答案】×

15. 单位的消防安全责任人，消防安全管理人，专、兼职消防管理人员，消防控制室的值班、操作人员不需要接受消防安全专门培训。

【答案】×

三、简答题

1. 机关、团体、企业、事业等单位应当履行的消防安全职责有哪些？

【答案】机关、团体、企业、事业等单位应当履行的消防安全职责包括：

（1）落实消防安全责任制，制定本单位的消防安全制度、消防安全操作规程，制定灭火和应急疏散预案；

（2）按照国家标准、行业标准配置消防设施、器材，设置消防安全标志，并定期组织检验、维修，确保完好有效；

（3）对建筑消防设施每年至少进行一次全面检测，确保完好有效，检测记录应当完整准确，存档备查；

（4）保障疏散通道、安全出口、消防车通道畅通，保证防火防烟分区、防火间距符合消防技术标准；

（5）组织防火检查，及时消除火灾隐患；

（6）组织进行有针对性的消防演练；

（7）法律、法规规定的其他消防安全职责。

2. **哪些单位属于消防安全重点单位，应当按照要求实行严格管理？**

【答案】下列单位是消防安全重点单位，应当按照要求实行严格管理：

（1）商场（市场）、宾馆（饭店）、体育场（馆）、会堂、公共娱乐场所等公众聚集场所；

（2）医院、养老院和寄宿制的学校、托儿所、幼儿园；

（3）国家机关；

（4）广播电台、电视台和邮政、通信枢纽；

（5）客运车站、码头、民用机场；

（6）公共图书馆、展览馆、博物馆、档案馆以及具有火灾危险性的文物保护单位；

（7）发电厂（站）和电网经营企业；

（8）易燃易爆化学物品的生产、充装、储存、供应、销售单位；

（9）服装、制鞋等劳动密集型生产、加工企业；

（10）重要的科研单位；

（11）其他发生火灾可能性较大以及一旦发生火灾可能造成重大人身伤亡或者财产损失的单位。

3. **消防安全重点单位除履行机关、团体、企业、事业消防安全职责外，还应当履行的消防安全职责包括哪些？**

【答案】消防安全重点单位除应当履行机关、团体、企业、事业消防安全职责外，还应当履行下列消防安全职责：

（1）确定消防安全管理人，组织实施本单位的消防安全管理工作；

（2）建立消防档案，确定消防安全重点部位，设置防火标志，实行严格管理；

（3）实行每日防火巡查，并建立巡查记录；

（4）对职工进行岗前消防安全培训，定期组织消防安全培训和消防演练。

4. 哪些单位应当建立单位专职消防队，承担本单位的火灾扑救工作？

【答案】下列单位应当建立单位专职消防队，承担本单位的火灾扑救工作：

（1）大型核设施单位、大型发电厂、民用机场、主要港口；

（2）生产、储存易燃易爆危险品的大型企业；

（3）储备可燃的重要物资的大型仓库、基地；

（4）第一项、第二项、第三项规定以外的火灾危险性较大、距离国家综合性消防救援队较远的其他大型企业；

（5）距离国家综合性消防救援队较远、被列为全国重点文物保护单位的古建筑群的管理单位。

5. 单位的消防安全责任人应当履行哪些消防安全职责？

【答案】单位的消防安全责任人应当履行下列消防安全职责：

（1）贯彻执行消防法规，保障单位消防安全符合规定，掌握本单位的消防安全情况；

（2）将消防工作与本单位的生产、科研、经营、管理等活动统筹安排，批准实施年度消防工作计划；

（3）为本单位的消防安全提供必要的经费和组织保障；

（4）确定逐级消防安全责任，批准实施消防安全制度和保障消防安全的操作规程；

（5）组织防火检查，督促落实火灾隐患整改，及时处理涉及消防安全的重大问题；

（6）根据消防法规的规定建立专职消防队、义务消防队；

（7）组织制定符合本单位实际的灭火和应急疏散预案，并实施演练。

6．单位可以根据需要确定本单位的消防安全管理人。消防安全管理人对单位的消防安全责任人负责，实施和组织落实哪些消防安全管理工作？

【答案】消防安全管理人应当实施和组织落实下列消防安全管理工作：

（1）拟订年度消防工作计划，组织实施日常消防安全管理工作；

（2）组织制订消防安全制度和保障消防安全的操作规程并检查督促其落实；

（3）拟订消防安全工作的资金投入和组织保障方案；

（4）组织实施防火检查和火灾隐患整改工作；

（5）组织实施对本单位消防设施、灭火器材和消防安全标志的维护保养，确保其完好有效，确保疏散通道和安全出口畅通；

（6）组织管理专职消防队和义务消防队；

（7）在员工中组织开展消防知识、技能的宣传教育和培训，组织灭火和应急疏散预案的实施和演练；

（8）单位消防安全责任人委托的其他消防安全管理工作。

7．机关、团体、事业单位应当至少每季度进行一次防火检查，其他单位应当至少每月进行一次防火检查。检查的内容应当包括哪些？

【答案】检查的内容应当包括：

（1）火灾隐患的整改情况以及防范措施的落实情况；

（2）安全疏散通道、疏散指示标志、应急照明和安全出口情况；

（3）消防车通道、消防水源情况；

（4）灭火器材配置及有效情况；

（5）用火、用电有无违章情况；

（6）重点工种人员以及其他员工消防知识的掌握情况；

（7）消防安全重点部位的管理情况；

（8）易燃易爆危险物品和场所防火防爆措施的落实情况以及其他重要物资的防火安全情况；

（9）消防（控制室）值班情况和设施运行、记录情况；

（10）防火巡查情况；

（11）消防安全标志的设置情况和完好、有效情况；

（12）其他需要检查的内容。

8. 依据中国航天科工集团有限公司《消防安全标准化评分细则》（Q/QJB 333A—2022），现场评审过程中发现哪些情形，评审组应立即中止评审？

【答案】现场评审过程中发现以下情形之一的，评审组应立即中止评审：

（1）单位未明确消防安全管理人；

（2）同一建筑物由两个以上单位管理或者使用的，未明确各方的消防安全责任，未确定责任人对共用的疏散通道、安全出口、建筑消防设施和消防车通道进行统一管理；

（3）消防安全重点单位未做到每半年组织一次演练，其他单位未做到每年组织一次演练；

（4）单位全体在岗职工每年消防安全培训少于一次；

（5）动火作业人员无证上岗、在易燃易爆场所违反规定动用明火；

（6）聘请的消防设施维护保养、检测等消防技术服务机构，不具备从业条件从事消防技术服务活动或者出具虚假文件、失实文件；

（7）消火栓、自动喷水灭火系统不能正常供水；

（8）消火栓系统、自动灭火系统、火灾自动报警系统、机械防排烟系统等被擅自拆除或者损坏停用；

（9）疏散通道、安全出口被违规封闭、堵塞；

（10）电动自行车停放在室内及建筑物疏散通道和安全出口处，电动自行车采取"飞线"、入户等方式违规充电。

第三章　专兼职消防管理人员

第一部分　基础知识

1. 依据《机关、团体、企业、事业单位消防安全管理规定》（中华人民共和国公安部令第61号），出现哪些违反消防安全规定的行为时，单位应当责成有关人员当场改正并督促落实？

答： 对下列违反消防安全规定的行为，单位应当责成有关人员当场改正并督促落实：

（1）违章进入生产、储存易燃易爆危险物品场所的；

（2）违章使用明火作业或者在具有火灾、爆炸危险的场所吸烟、使用明火等违反禁令的；

（3）将安全出口上锁、遮挡，或者占用、堆放物品影响疏散通道畅通的；

（4）消火栓、灭火器材被遮挡影响使用或者被挪作他用的；

（5）常闭式防火门处于开启状态，防火卷帘下堆放物品影响使用的；

（6）消防设施管理、值班人员和防火巡查人员脱岗的；

（7）违章关闭消防设施、切断消防电源的；

（8）其他可以当场改正的行为。

违反前款规定的情况以及改正情况应当有记录并存档备查。

2. 依据《机关、团体、企业、事业单位消防安全管理规定》，在具有火灾、爆炸危险的场所进行动火作业，应如何管理？

答：单位应当对动用明火实行严格的消防安全管理。禁止在具有火灾、爆炸危险的场所使用明火；因特殊情况需要进行电、气焊等明火作业的，动火部门和人员应当按照单位的用火管理制度办理审批手续，落实现场监护人，在确认无火灾、爆炸危险后方可动火施工。动火施工人员应当遵守消防安全规定，并落实相应的消防安全措施。

3. 依据《社会消防技术服务管理规定》（中华人民共和国应急管理部令第7号），消防技术服务项目负责人应具备什么资格？

答：消防技术服务机构承接业务，应当与委托人签订消防技术服务合同，并明确项目负责人。项目负责人应当具备相应的注册消防工程师资格。

4. 依据《建筑消防设施的维护管理》（GB 25201—2010），相关档案的保存期限分别是多长时间？

答：建筑消防设施的原始技术资料应长期保存。《消防控制室值班记录表》和《建筑消防设施巡查记录表》的存档时间不应少于一年。《建筑消防设施检测记录表》《建筑消防设施故障维修记录表》《建筑消防设施维护保养计划表》《建筑消防设施维护保养记录表》的存档时间不应少于五年。

5. 依据《建筑设计防火规范》[GB 50016—2014（2018年版）]，建筑中的非承重外墙、房间隔墙和屋面板，当确需采用金属夹芯板材时，对其芯材的燃烧性能有什么要求？

答：建筑中的非承重外墙、房间隔墙和屋面板，当确需采用金属夹芯板材时，其芯材应为不燃材料，且耐火极限应符合有关规定。

6. 依据《建筑设计防火规范》[GB 50016—2014（2018 年版）]，防火门的设置应符合哪些规定？

答：防火门的设置应符合下列规定：

（1）设置在建筑内经常有人通行处的防火门宜采用常开防火门。常开防火门应能在火灾时自行关闭，并应具有信号反馈的功能。

（2）除允许设置常开防火门的位置外，其他位置的防火门均应采用常闭防火门。常闭防火门应在其明显位置设置"保持防火门关闭"等提示标识。

（3）除管井检修门和住宅的户门外，防火门应具有自行关闭功能。双扇防火门应具有按顺序自行关闭的功能。

（4）除本规范第 6.4.11 条第 4 款的规定外，防火门应能在其内外两侧手动开启。

（5）设置在建筑变形缝附近时，防火门应设置在楼层较多的一侧，并应保证防火门开启时门扇不跨越变形缝。

（6）防火门关闭后应具有防烟性能。

（7）甲、乙、丙级防火门应符合现行国家标准《防火门》GB 12955 的规定。

7. 依据《自动喷水灭火系统设计规范》（GB 50084—2017），报警阀进出口的控制阀应采用什么阀门？

答：连接报警阀进出口的控制阀应采用信号阀。当不采用信号阀时，控制阀应设锁定阀位的锁具。

8. 依据《自动喷水灭火系统设计规范》（GB 50084—2017），水力警铃的工作压力不应小于多少？应设置在什么地点？水力警铃与报警阀连接的管道有什么要求？

答：水力警铃的工作压力不应小于 0.05 MPa，并应符合下列规定：

（1）应设在有人值班的地点附近或公共通道的外墙上；

（2）与报警阀连接的管道，其管径应为 20 mm，总长不宜大于 20 m。

9. 依据《二氧化碳灭火系统设计规范》[GB 50193—1993（2010 版）]，防护区内、防护区入口处需要设置哪些消防设施？对防护区的疏散走道与出口、防护区的门分别有什么要求？

答：防护区内应设火灾声报警器，必要时，可增设光报警器。防护区的入口处应设置火灾声、光报警器。报警时间不宜小于灭火过程所需的时间，并应能手动切除警报信号。防护区入口处应设灭火系统防护标志和二氧化碳喷放指示灯。设置灭火系统的防护区的入口处明显位置应配备专用的空气呼吸器或氧气呼吸器。

防护区应有能在 30 s 内使该区人员疏散完毕的走道与出口。在疏散走道与出口处，应设火灾事故照明和疏散指示标志。

防护区的门应向疏散方向开启，并能自动关闭；在任何情况下均应能从防护区内打开。

10. 依据《自动喷水灭火系统施工及验收规范》（GB 50261—2017），报警阀调试应符合哪些要求？

答：报警阀调试应符合下列要求：

（1）湿式报警阀调试时，在末端装置处放水，当湿式报警阀进口水压大于 0.14 MPa、放水流量大于 1 L/s 时，报警阀应及时启动；带延迟器的水力警铃应在 5~90 s 内发出报警铃声，不带延迟器的水力警铃应在 15 s 内发出报警铃声；压力开关应及时动作，启动消防泵并反馈信号。

检查数量：全数检查。

检查方法：使用压力表、流量计、秒表和观察检查。

（2）干式报警阀调试时，开启系统试验阀，报警阀的启动时间、启动点压力、水流到试验装置出口所需时间，均应符合设计要求。

检查数量：全数检查。

检查方法：使用压力表、流量计、秒表、声强计和观察检查。

（3）雨淋阀调试宜利用检测、试验管道进行。自动和手动方式启动的雨淋阀，应在 15 s 之内启动；公称直径大于 200 mm 的雨淋阀调试时，应在 60 s 之内启动。雨淋阀调试时，当报警水压为 0.05 MPa 时，水力警铃应发出报警铃声。

检查数量：全数检查。

检查方法：使用压力表、流量计、秒表、声强计和观察检查。

11. 依据《建筑灭火器配置验收及检查规范》（GB 50444—2008），灭火器安装设置前应具备哪些条件？

答：灭火器安装设置前应具备下列条件：

（1）建筑灭火器配置设计图、设计说明、材料表应齐全；

（2）设计单位应向建设、施工、监理单位进行技术交底；

（3）施工现场应满足灭火器安装设置的要求。

12. 依据《建筑灭火器配置验收及检查规范》（GB 50444—2008），应多久对灭火器的配置及外观进行一次检查？推车式灭火器的设置地点有什么特殊要求？

答：灭火器的配置、外观等应按要求每月进行一次检查。

下列场所配置的灭火器，应按要求每半月进行一次检查：

（1）候车（机、船）室、歌舞娱乐放映游艺等人员密集的公共场所；

（2）堆场、罐区、石油化工装置区、加油站、锅炉房、地下室等场所。

推车式灭火器宜设置在平坦场地，不得设置在台阶上。在没有外力作用下，推车式灭火器不得自行滑动。

13. 依据《防火卷帘、防火门、防火窗施工及验收规范》（GB 50877—2014），与火灾自动报警系统联动的防火卷帘，其火灾探测器和手动按钮盒的安装应符合什么规定？

答： 与火灾自动报警系统联动的防火卷帘，其火灾探测器和手动按钮盒的安装应符合下列规定：

（1）防火卷帘两侧均应安装火灾探测器组和手动按钮盒。当防火卷帘一侧为无人场所时，防火卷帘有人侧应安装火灾探测器组和手动按钮盒。

（2）用于联动防火卷帘的火灾探测器的类型、数量及其间距应符合现行国家标准《火灾自动报警系统设计规范》（GB 50116—2013）的有关规定。

14. 依据《防火卷帘、防火门、防火窗施工及验收规范》（GB 50877—2014），应对防火卷帘控制器哪些功能进行调试？并应符合什么要求？

答： 防火卷帘控制器应进行通电功能、备用电源、火灾报警功能、故障报警功能、自动控制功能、手动控制功能和自重下降功能调试，并应符合下列要求：

（1）通电功能调试时，应将防火卷帘控制器分别与消防控制室的火灾报警控制器或消防联动控制设备、相关的火灾探测器、卷门机等连接并通电，防火卷帘控制器应处于正常工作状态。

（2）备用电源调试时，设有备用电源的防火卷帘，其控制器应有主、备电源转换功能。主、备电源的工作状态应有指示，主、备电源的转换不应使防火卷帘控制器发生误动作。备用电源的电池容量应保证防火卷帘控制器在备用电源供电条件下能正常可靠工作 1 h，并应提供控制器控制卷门机速放控制装置完成卷帘自重垂降，控制卷帘降至下限位所需的电源。

（3）火灾报警功能调试时，防火卷帘控制器应直接或间接地接收来自火灾探测器组发出的火灾报警信号，并应发出声、光报警信号。

（4）故障报警功能调试时，防火卷帘控制器的电源缺相或相序有误，以及防火卷帘控制器与火灾探测器之间的连接线断线或发生故障，防火卷帘控制器均应发出故障报警信号。

（5）自动控制功能调试时，当防火卷帘控制器接收到火灾报警信号后，应输出控制防火卷帘完成相应动作的信号，并应符合下列要求：

①控制分隔防火分区的防火卷帘由上限位自动关闭至全闭。

②防火卷帘控制器接到感烟火灾探测器的报警信号后，控制防火卷帘自动关闭至中位（1.8 m）处停止，接到感温火灾探测器的报警信号后，继续关闭至全闭。

③防火卷帘半降、全降的动作状态信号应反馈到消防控制室。

（6）手动控制功能调试时，手动操作防火卷帘控制器上的按钮和手动按钮盒上的按钮，可控制防火卷帘的上升、下降、停止。

（7）自重下降功能调试时，应将卷门机电源设置于故障状态，防火卷帘应在防火卷帘控制器的控制下，依靠自重下降至全闭。

15. 依据《消防给水及消火栓系统技术规范》（GB 50974—2014），消防水泵的安装应符合哪些要求？

答： 消防水泵的安装应符合下列要求：

（1）消防水泵安装前应校核产品合格证，以及其规格、型号和性能与设计要求应一致，并应根据安装使用说明书安装。

（2）消防水泵安装前应复核水泵基础混凝土强度、隔振装置、坐标、标高、尺寸和螺栓孔位置。

（3）消防水泵的安装应符合现行国家标准《机械设备安装工程施工及验收通用规范》GB 50231 和《风机、压缩机、泵安装工程施工及验收规范》GB 50275 的有关规定。

（4）消防水泵安装前应复核消防水泵之间，以及消防水泵与墙或其他设备之间的间距，并应满足安装、运行和维护管理的要求。

（5）消防水泵吸水管上的控制阀应在消防水泵固定于基础上后再进行安装，其直径不应小于消防水泵吸水口直径，且不应采用没有可靠锁定装置的控制阀，控制阀应采用沟槽式或法兰式阀门。

（6）当消防水泵和消防水池位于独立的两个基础上且相互为刚性连接时，吸水管上应加设柔性连接管。

（7）吸水管水平管段上不应有气囊和漏气现象。变径连接时，应采用偏心异径管件并应采用管顶平接。

（8）消防水泵出水管上应安装消声止回阀、控制阀和压力表；系统的总出水管上还应安装压力表和压力开关；安装压力表时应加设缓冲装置。压力表和缓冲装置之间应安装旋塞；压力表量程在没有设计要求时，应为系统工作压力的 2 倍～

2.5 倍。

（9）消防水泵的隔振装置、进出水管柔性接头的安装应符合设计要求，并应有产品说明和安装使用说明。

16. 依据《消防给水及消火栓系统技术规范》（GB 50974—2014），市政和室外消火栓的安装应符合哪些规定?

答：市政和室外消火栓的安装应符合下列规定：

（1）市政和室外消火栓的选型、规格应符合设计要求。

（2）管道和阀门的施工和安装，应符合现行国家标准《给水排水管道工程施工及验收规范》GB 50268、《建筑给水排水及采暖工程施工质量验收规范》GB 50242 的有关规定。

（3）地下式消火栓顶部进水口或顶部出水口应正对井口。顶部进水口或顶部出水口与消防井盖底面的距离不应大于 0.4 m，井内应有足够的操作空间，并应做好防水措施。

（4）地下式室外消火栓应设置永久性固定标志。

（5）当室外消火栓安装部位火灾时存在可能落物危险时，上方应采取防坠落物撞击的措施。

（6）市政和室外消火栓安装位置应符合设计要求，且不应妨碍交通，在易碰撞的地点应设置防撞设施。

17. 依据《消防给水及消火栓系统技术规范》（GB 50974—2014），消火栓箱的安装应符合哪些规定?

答：消火栓箱的安装应符合下列规定：

（1）消火栓的启闭阀门设置位置应便于操作使用，阀门的中心距箱侧面应为 140 mm，距箱后内表面应为 100 mm，允许偏差 ±5 mm；

（2）室内消火栓箱的安装应平正、牢固，暗装的消火栓箱不应破坏隔墙的耐火性能；

（3）箱体安装的垂直度允许偏差为 ±3 mm；

（4）消火栓箱门的开启不应小于120°；

（5）安装消火栓水龙带，水龙带与消防水枪和快速接头绑扎好后，应根据箱内构造将水龙带放置；

（6）双向开门消火栓箱应有耐火等级应符合设计要求，当设计没有要求时应至少满足 1 h 耐火极限的要求；

（7）消火栓箱门上应用红色字体注明"消火栓"字样。

18. 依据《消防给水及消火栓系统技术规范》（GB 50974—2014），消防水泵在调试时应符合哪些要求？

答：消防水泵调试应符合下列要求：

（1）以自动直接启动或手动直接启动消防水泵时，消防水泵应在55 s 内投入正常运行，且应无不良噪声和振动；

（2）以备用电源切换方式或备用泵切换启动消防水泵时，消防水泵应分别在 1 min 或 2 min 内投入正常运行；

（3）消防水泵安装后应进行现场性能测试，其性能应与生产厂商提供的数据相符，并应满足消防给水设计流量和压力的要求；

（4）消防水泵零流量时的压力不应超过设计工作压力的140%；当出流量为设计工作流量的150%时，其出口压力不应低于设计工作压力的65%。

19. 依据《消防给水及消火栓系统技术规范》（GB 50974—2014），水源的维护管理应符合哪些规定？

答：水源的维护管理应符合下列规定：

（1）每季度应监测市政给水管网的压力和供水能力；

（2）每年应对天然河湖等地表水消防水源的常水位、枯水位、洪水位，以及枯水位流量或蓄水量等进行一次检测；

（3）每年应对水井等地下水消防水源的常水位、最低水位、最高水位和出水量等进行一次测定；

（4）每月应对消防水池、高位消防水池、高位消防水箱等消防水源设施的水位等进行一次检测；消防水池（箱）玻璃水位计两端的角阀在不进行水位观察时应关闭；

（5）在冬季每天应对消防储水设施进行室内温度和水温检测，当结冰或室内温度低于 5 ℃时，应采取确保不结冰和室温不低于 5 ℃的措施。

20. 依据《消防应急照明和疏散指示系统技术标准》（GB 51309—2018），火灾状态下，灯具光源应急点亮、熄灭的响应时间应符合哪些规定？

答：火灾状态下，灯具光源应急点亮、熄灭的响应时间应符合下列规定：

（1）高危险场所灯具光源应急点亮的响应时间不应大于 0.25 s；

（2）其他场所灯具光源应急点亮的响应时间不应大于 5 s；

（3）具有两种及以上疏散指示方案的场所，标志灯光源点亮、熄灭的响应时间不应大于 5 s。

21. 依据《消防应急照明和疏散指示系统技术标准》（GB 51309—2018），出口标志灯的设置应符合哪些规定？

答：出口标志灯的设置应符合下列规定：

（1）应设置在敞开楼梯间、封闭楼梯间、防烟楼梯间、防烟楼梯间前室入口的上方；

（2）地下或半地下建筑（室）与地上建筑共用楼梯间时，应设置在地下或半地下楼梯通向地面层疏散门的上方；

（3）应设置在室外疏散楼梯出口的上方；

（4）应设置在直通室外疏散门的上方；

（5）在首层采用扩大的封闭楼梯间或防烟楼梯间时，应设置在通向楼梯间疏散门的上方；

（6）应设置在直通上人屋面、平台、天桥、连廊出口的上方；

（7）地下或半地下建筑（室）采用直通室外的竖向梯疏散时，应设置在竖向梯开口的上方；

（8）需要借用相邻防火分区疏散的防火分区中，应设置在通向被借用防火分区甲级防火门的上方；

（9）应设置在步行街两侧商铺通向步行街疏散门的上方；

（10）应设置在避难层、避难间、避难走道防烟前室、避难走道入口的上方；

（11）应设置在观众厅、展览厅、多功能厅和建筑面积大于 $400\ \mathrm{m}^2$ 的营业厅、餐厅、演播厅等人员密集场所疏散门的上方。

22. 依据《消防应急照明和疏散指示系统技术标准》（GB 51309—2018），方向标志灯的设置应符合哪些规定？

答：方向标志灯的设置应符合下列规定：

（1）有维护结构的疏散走道、楼梯应符合下列规定：

①应设置在走道、楼梯两侧距地面、梯面高度 1 m 以下的墙面、柱面上；

②当安全出口或疏散门在疏散走道侧边时，应在疏散走道上方增设指向安全出口或疏散门的方向标志灯；

③方向标志灯的标志面与疏散方向垂直时，灯具的设置间距

不应大于 20 m；方向标志灯的标志面与疏散方向平行时，灯具的设置间距不应大于 10 m。

（2）展览厅、商店、候车（船）室、民航候机厅、营业厅等开敞空间场所的疏散通道应符合下列规定：

①当疏散通道两侧设置了墙、柱等结构时，方向标志灯应设置在距地面高度 1 m 以下的墙面、柱面上；当疏散通道两侧无墙、柱等结构时，方向标志灯应设置在疏散通道的上方。

②方向标志灯的标志面与疏散方向垂直时，特大型或大型方向标志灯的设置间距不应大于 30 m，中型或小型方向标志灯的设置间距不应大于 20 m；方向标志灯的标志面与疏散方向平行时，特大型或大型方向标志灯的设置间距不应大于 15 m，中型或小型方向标志灯的设置间距不应大于 10 m。

（3）保持视觉连续的方向标志灯应符合下列规定：

①应设置在疏散走道、疏散通道地面的中心位置；

②灯具的设置间距不应大于 3 m。

（4）方向标志灯箭头的指示方向应按照疏散指示方案指向疏散方向，并导向安全出口。

23. 依据《消防应急照明和疏散指示系统技术标准》（GB 51309—2018），对于灯具的安装有什么要求？

答：灯具应固定安装在不燃性墙体或不燃性装修材料上，不应安装在门、窗或其他可移动的物体上。灯具安装后不应对人员正常通行产生影响，灯具周围应无遮挡物，并应保证灯具上的各种状态指示灯易于观察。

24. 依据《消防设施通用规范》（GB 55036—2022），消防水池应符合哪些规定？

答：消防水池应符合下列规定：

（1）消防水池的有效容积应满足设计持续供水时间内的消防用水量要求，当消防水池采用两路消防供水且在火灾中连续补水能满足消防用水量要求时，在仅设置室内消火栓系统的情况下，有效容积应大于或等于 50 m³，其他情况下应大于或等于 100 m³；

（2）消防用水与其他用水共用的水池，应采取保证水池中的消防用水量不作他用的技术措施；

（3）消防水池的出水管应保证消防水池有效容积内的水能被全部利用，水池的最低有效水位或消防水泵吸水口的淹没深度应满足消防水泵在最低水位运行安全和实现设计出水量的要求；

（4）消防水池的水位应能就地和在消防控制室显示，消防水池应设置高低水位报警装置；

（5）消防水池应设置溢流水管和排水设施，并应采用间接排水。

25. 依据《消防设施通用规范》（GB 55036—2022），消防水泵应符合哪些规定？

答：消防水泵应符合下列规定：

（1）消防水泵应确保在火灾时能及时启动；停泵应由人工控制，不应自动停泵。

（2）消防水泵的性能应满足消防给水系统所需流量和压力的要求。

（3）消防水泵所配驱动器的功率应满足所选水泵流量扬程性能曲线上任何一点运行所需功率的要求。

（4）消防水泵应采取自灌式吸水。从市政给水管网直接吸水的消防水泵，在其出水管上应设置有空气隔断的倒流防止器。

（5）柴油机消防水泵应具备连续工作的性能，其应急电源应满足消防水泵随时自动启泵和在设计持续供水时间内持续运行的要求。

26. 依据《消防设施通用规范》（GB 55036—2022），消防水泵控制柜应位于什么地点并应符合哪些规定？

答：消防水泵控制柜应位于消防水泵控制室或消防水泵房内，其性能应符合下列规定：

（1）消防水泵控制柜位于消防水泵控制室内时，其防护等级不应低于IP30；位于消防水泵房内时，其防护等级不应低于IP55。

（2）消防水泵控制柜在平时应使消防水泵处于自动启泵状态。

（3）消防水泵控制柜应具有机械应急启泵功能，且机械应急启泵时，消防水泵应能在接受火警后5 min内进入正常运行状态。

27. 依据《消防设施通用规范》（GB 55036—2022），符合什么情形的灭火器应报废？

答：符合下列情形之一的灭火器应报废：

（1）筒体锈蚀面积大于或等于筒体总表面积的1/3，表面有凹坑；

（2）筒体明显变形，机械损伤严重；

（3）器头存在裂纹、无泄压机构；

（4）存在筒体为平底等结构不合理现象；

（5）没有间歇喷射机构的手提式灭火器；

（6）不能确认生产单位名称和出厂时间，包括铭牌脱落，铭牌模糊、不能分辨生产单位名称，出厂时间钢印无法识别等；

（7）筒体有锡焊、铜焊或补缀等修补痕迹；

（8）被火烧过；

（9）出厂时间达到或超过最大报废期限（水基型灭火器 6 年，干粉灭火器、洁净气体灭火器 10 年，二氧化碳灭火器 12 年）。

28. 依据《消防设施通用规范》（GB 55036—2022），同一个防烟分区是否可以采取不同的排烟方式？

答：不可以。同一个防烟分区应采用同一种排烟方式。

29. 依据《消防设施通用规范》（GB 55036—2022），联动控制模块是否可以设置在配电柜（箱）内？

答：不可以。联动控制模块严禁设置在配电柜（箱）内，一个报警区域内的模块不应控制其他报警区域的设备。

30. 依据《消防设施通用规范》（GB 55036—2022），火灾自动报警系统中控制与显示类设备的主电源应如何与消防电源连接？

答：火灾自动报警系统中控制与显示类设备的主电源应直接与消防电源连接，不应使用电源插头。

31. 依据《建筑防火通用规范》（GB 55037—2022），消防电梯应符合哪些规定？

答：消防电梯应符合下列规定：

（1）应能在所服务区域每层停靠；

（2）电梯的载重量不应小于 800 kg；

（3）电梯的动力和控制线缆与控制面板的连接处、控制面板的外壳防水性能等级不应低于 IPX5；

（4）在消防电梯的首层入口处，应设置明显的标识和供消防救援人员专用的操作按钮；

（5）电梯轿厢内部装修材料的燃烧性能应为 A 级；

（6）电梯轿厢内部应设置专用消防对讲电话和视频监控系统的终端设备。

32. 依据《建筑防火通用规范》（GB 55037—2022），哪些部位的顶棚、墙面和地面内部装修材料的燃烧性能均应为 A 级？

答： 下列部位的顶棚、墙面和地面内部装修材料的燃烧性能均应为 A 级：

（1）避难走道、避难层、避难间；

（2）疏散楼梯间及其前室；

（3）消防电梯前室或合用前室。

33. 依据《建筑防火通用规范》（GB 55037—2022），消防控制室装修材料的燃烧性能有什么要求？哪些设备用房的顶棚、墙面和地面内部装修材料的燃烧性能均应为 A 级？

答： 消防控制室地面装修材料的燃烧性能不应低于 B1 级，顶棚和墙面内部装修材料的燃烧性能均应为 A 级。下列设备用房的顶棚、墙面和地面内部装修材料的燃烧性能均应为 A 级：

（1）消防水泵房、机械加压送风机房、排烟机房、固定灭火系统钢瓶间等消防设备间；

（2）配电室、油浸变压器室、发电机房、储油间；

（3）通风和空气调节机房；

（4）锅炉房。

34. 依据《建筑防火通用规范》（GB 55037—2022），哪些建筑的什么部位应设置疏散照明？

答： 除筒仓、散装粮食仓库和火灾发展缓慢的场所外，厂房、丙类仓库、民用建筑、平时使用的人民防空工程等建筑中的下列部位应设置疏散照明：

（1）安全出口、疏散楼梯（间）、疏散楼梯间的前室或合用前室、避难走道及其前室、避难层、避难间、消防专用通道、兼作人员疏散的天桥和连廊；

（2）观众厅、展览厅、多功能厅及其疏散口；

（3）建筑面积大于 200 m² 的营业厅、餐厅、演播室、售票厅、候车（机、船）厅等人员密集的场所及其疏散口；

（4）建筑面积大于 100 m² 的地下或半地下公共活动场所；

（5）地铁工程中的车站公共区，自动扶梯、自动人行道，楼梯，连接通道或换乘通道，车辆基地，地下区间内的纵向疏散平台；

（6）城市交通隧道两侧，人行横通道或人行疏散通道；

（7）城市综合管廊的人行道及人员出入口；

（8）城市地下人行通道。

35. 依据《气瓶安全技术规程》（TSG 23—2021），液化石油气钢瓶（民用）检验周期为几年？经过安全评估的燃气气瓶的实际使用年限最长不得超过多少年？

答：液化石油气钢瓶（民用）检验周期为 4 年。已建立气瓶充装信息平台的充装单位检验的自有产权燃气气瓶，如果充装单位在定期检验周期内为每只气瓶购买了充装安全责任保险并且能够履行维护保养职责，在向使用登记机关办理书面告知后，可以由充装单位根据气瓶安全状况确定定期检验周期或进行超过设计使用年限后的安全评估，但经过安全评估的燃气气瓶的实际使用年限最长不得超过 12 年。

36. 依据《社会单位灭火和应急疏散预案编制及实施导则》（GB/T 38315—2019），预案根据设定灾情的严重程度和场所的危险性分为几级？

答：预案根据设定灾情的严重程度和场所的危险性，从低到高依次分为以下五级：

（1）一级预案是针对可能发生无人员伤亡或被困，燃烧面积小的普通建筑火灾的预案；

（2）二级预案是针对可能发生 3 人以下伤亡或被困，燃烧面积大的普通建筑火灾，燃烧面积较小的高层建筑、地下建筑、人员密集场所、易燃易爆危险品场所、重要场所等特殊场所火灾的预案；

（3）三级预案是针对可能发生 3 人以上 10 人以下伤亡或被困，燃烧面积小的高层建筑、地下建筑、人员密集场所、易燃易爆危险品场所、重要场所等特殊场所火灾的预案；

（4）四级预案是针对可能发生 10 人以上 30 人以下伤亡或被困，燃烧面积较大的高层建筑、地下建筑、人员密集场所、易燃易爆危险品场所、重要场所等特殊场所火灾的预案；

（5）五级预案是针对可能发生 30 人以上伤亡或被困，燃烧面积大的高层建筑、地下建筑、人员密集场所、易燃易爆危险品场所、重要场所等特殊场所火灾的预案。

37. 依据《社会单位灭火和应急疏散预案编制及实施导则》（GB/T 38315—2019），预案应对哪些资料、内容进行收集和评估？

答：应全面分析本单位火灾危险性、危险因素、可能发生的火灾类型及危害程度；确定消防安全重点部位和火灾危险源，进行火灾风险评估；客观评价本单位消防安全组织、员工消防技能、消防设施等方面的应急处置能力；针对火灾危险源和存在问题，提出组织灭火和应急疏散的主要措施；收集借鉴国内外同行业火灾教训及应急工作经验。

38. 依据《社会单位灭火和应急疏散预案编制及实施导则》（GB/T 38315—2019），预案编制完成后由谁对预案进行评审？预案评审通过后，由谁签署发布？

答：预案编制完成后，单位主要负责人应组织有关部门和人员，依据国家有关方针政策、法律法规、规章制度以及其他有关文件对预案进行评审。预案评审通过后，由本单位主要负责人签署发布，以正式文本的形式发放到每一名员工。

39. 依据《社会单位灭火和应急疏散预案编制及实施导则》（GB/T 38315—2019），预案的主要内容包括哪些？

答：预案的主要内容：编制目的、编制依据、适用范围、应急工作原则、单位基本情况、火灾情况设定、组织机构及职责、应急响应、应急保障、应急响应结束和后期处置。

40. 依据《社会单位灭火和应急疏散预案编制及实施导则》（GB/T 38315—2019），预案应明确哪些报告火情的基本规范？保证准确传递哪些火灾情况信息？

答：预案应明确通信联络组承担任务人员向总指挥、副总指挥、消防部门、区域联防单位等报告火情的基本规范，保证准确传递下列火灾情况信息：

（1）起火单位、详细地址；

（2）起火建筑结构，起火物，有无存储易燃易爆危险品；

（3）起火部位或楼层；

（4）人员受困情况；

（5）火情大小、火势蔓延情况、水源情况等其他信息。

41. 依据《人员密集场所消防安全管理》(GB/T 40248—2021)，安全疏散设施管理应符合哪些要求？

答：安全疏散设施管理应符合下列要求：

（1）确保疏散通道、安全出口和疏散门的畅通，禁止占用、堵塞、封闭疏散通道和楼梯间；

（2）人员密集场所在使用和营业期间，不应锁闭疏散出口、安全出口的门，或采取火灾时不需使用钥匙等任何工具即能从内部易于打开的措施，并应在明显位置设置含有使用提示的标识；

（3）避难层（间）、避难走道不应挪作他用，封闭楼梯间、防烟楼梯间及其前室的门应保持完好，门上明显位置应设置提示正确启闭状态的标识；

（4）应保持常闭式防火门处于关闭状态，常开防火门应能在火灾时自行关闭，并应具有信号反馈的功能；

（5）安全出口、疏散门不得设置门槛或其他影响疏散的障碍物，且在其1.4 m范围内不应设置台阶；

（6）疏散应急照明、疏散指示标志应完好、有效；发生损坏时，应及时维修、更换；

（7）消防安全标志应完好、清晰，不应被遮挡；

（8）安全出口、公共疏散走道上不应安装栅栏；

（9）建筑每层外墙的窗口、阳台等部位不应设置影响逃生和灭火救援的栅栏，确需设置时，应能从内部易于开启；

（10）在宾馆、商场、医院、公共娱乐场所等场所各楼层的明显位置应设置安全疏散指示图，疏散指示图上应标明疏散路线、安全出口和疏散门、人员所在位置和必要的文字说明；

（11）在宾馆、商场、医院、公共娱乐场所等场所各楼层的明显位置应设置疏散引导箱，配备过滤式消防自救呼吸器、瓶装水、毛巾、救援哨、发光指挥棒、疏散用手电筒等安全疏散辅助器材。

42. 依据《单位消防安全管理规范》（DB32/T 4444—2023），专兼职消防管理人员应履行哪些消防安全职责？

答：专兼职消防管理人员应履行下列消防安全职责：

（1）根据年度消防工作计划，开展日常消防安全管理工作；

（2）督促落实消防安全制度和消防安全操作规程；

（3）实施防火检查和火灾隐患整改工作，负责动火作业、临时用电现场监管；

（4）检查消防设施、器材和消防安全标志状况，督促维护保养；

（5）开展消防安全知识、技能宣传教育培训；

（6）组织企业专职或志愿消防队、微型消防站开展训练、演练；

（7）及时向消防安全管理人报告消防安全情况；

（8）完成单位消防安全管理人委托的其他消防安全管理工作。

43. 依据《消防安全重点部位分级管理要求》（Q/QJB 415—2021），消防安全重点部位分为几个等级？

答：消防安全重点部位的等级分为一级、二级和三级3个等级，一级消防安全重点部位危险等级最高。

44. 依据《消防安全重点部位分级管理要求》（Q/QJB 415—2021），安全检查表应存放在什么位置？留存不少于多长时间？

答：检查表应存放在消防安全重点部位现场。检查表的留存时间不少于1年。

45. 依据《消防安全重点部位分级管理要求》（Q/QJB 415—2021），消防安全重点部位风险等级的计算公式是什么？

答：消防安全重点部位风险等级的计算公式为

$$R=L×C×F×K$$

式中：R 表示风险性数值，L 表示发生火灾的可能性数值，C 表示火灾事故可能造成的后果数值，F 表示发生火灾后对消防安全影响性数值，K 表示消防安全管理及火灾控制能力校正系数。

46. 依据《消防安全标准化评分细则》（Q/QJB 333A—2022），消防标准化考核评级科研生产经营管理类单位和建筑施工类单位满分分别为多少？

答：科研生产经营管理类单位满分为 800 分，建筑施工类单位满分为 1000 分。

47. 依据《消防安全标准化评分细则》（Q/QJB 333A—2022），消防安全应知应会知识抽考人数不应少于多少？满分和及格分别为多少？

答：消防安全应知应会知识抽考人数不少于在册职工总人数的 5%，上限不超过 100 人，并考虑人员的代表性。考试满分为100 分，90 分（含）以上为及格。

48. 依据《消防安全标准化评分细则》（Q/QJB 333A—2022），消防安全标准化考评等级共分为几个等级？是如何划分的？

答：消防安全标准化考评等级分为一级、二级和三级，一级最高，三级最低。

消防安全标准化根据考评综合得分情况，将考评结果划分为三级：

（1）一级：消防安全标准化考核评分90分（含）以上；

（2）二级：消防安全标准化考核评分80分（含）以上90分（不含）以下；

（3）三级：消防安全标准化考核评分60分（含）以上80分（不含）以下；

单位消防安全标准化考核评分小于60分（不含）的，为不达标。

49. 依据《消防安全标准化评分细则》（Q/QJB 333A—2022），一个考评周期内发生什么情况，由集团公司消防安全管理部门撤销其考评等级称号？

答：考评等级称号由集团公司统一授予。一个考评周期内，单位发生火灾死亡责任事故，由集团公司消防安全管理部门撤销其考评等级称号。

50. 依据《消防安全标准化评分细则》（Q/QJB 333A—2022），消防安全标准化等级证书和牌匾有效期为几年？

答：消防安全标准化等级证书和牌匾有效期为三年（有效期内发生火灾死亡责任事故撤销评级证书和牌匾），三年后重新申请评审。

51. 依据《消防安全标准化评分细则》（Q/QJB 333A—2022），现场评审过程中发现什么情形，评审组应立即中止评审？

答：现场评审过程中发现以下情形之一的，评审组应立即中止评审：

（1）单位未明确消防安全管理人；

（2）同一建筑物由两个以上单位管理或者使用的，未明确各方的消防安全责任，未确定责任人对共用的疏散通道、安全出口、建筑消防设施和消防车通道进行统一管理；

（3）消防安全重点单位未做到每半年组织一次演练，其他单位未做到每年组织一次演练；

（4）单位全体在岗职工每年消防安全培训少于一次；

（5）动火作业人员无证上岗、在易燃易爆场所违反规定动用明火；

（6）聘请的消防设施维护保养、检测等消防技术服务机构，不具备从业条件从事消防技术服务活动或者出具虚假文件、失实文件；

（7）消火栓、自动喷水灭火系统不能正常供水；

（8）消火栓系统、自动灭火系统、火灾自动报警系统、机械防排烟系统等被擅自拆除或者损坏停用；

（9）疏散通道、安全出口被违规封闭、堵塞；

（10）电动自行车停放在室内及建筑物疏散通道和安全出口处，电动自行车采取"飞线"、入户等方式违规充电。

52. 依据《消防安全标准化评分细则》（Q/QJB 333A—2022），鼓励消防安全管理人、专（兼）职消防管理人员取得什么资格？

答：鼓励消防安全管理人、专（兼）职消防管理人员取得注册消防工程师资格。

53. 依据《消防安全标准化评分细则》（Q/QJB 333A—2022），单位应建立健全消防安全规章制度，规章制度至少包括哪些？

答：规章制度应包括但不限于以下各项：

（1）防火安全委员会管理制度；

（2）消防安全宣传教育培训制度；

（3）防火巡查、检查制度；

（4）消防安全投入保障制度；

（5）安全疏散设施管理制度；

（6）消防（控制室）值班制度；

（7）消防设施、器材维护管理（含台账）制度；

（8）火灾隐患整改制度；

（9）用火、用电安全管理制度；

（10）动火作业审批制度；

（11）易燃易爆危险物品和场所防火防爆制度；

（12）专职和志愿消防队、微型消防站的管理制度；

（13）灭火和应急疏散预案演练制度；

（14）燃气和电气设备的检查和管理（包括防雷、防静电）制度；

（15）消防安全工作考评和奖惩制度；

（16）消防档案管理制度。

54. 依据《消防安全标准化评分细则》（Q/QJB 333A—2022），应当对哪些人员组织专门培训？

答：消防安全责任人、消防安全管理人、专兼职消防管理人员、消防安全重点部位责任人、与消防安全有关的重点工种人员、灭火和应急疏散预案中承担相应任务的人员等重点岗位人员应组织专门培训。

55. 依据《消防安全标准化评分细则》（Q/QJB 333A—2022），本单位组织的消防安全教育培训内容应齐全，至少应包括哪些内容？

答： 本单位组织的消防安全教育培训内容应齐全，至少应包括：有关国家消防法律、法规、集团公司消防安全制度和保障消防安全的操作规程，本单位、本岗位的火灾危险性和防火措施，有关消防设施的性能、灭火器材的使用方法，报火警、扑救初起火灾以及自救逃生的知识和技能。

56. 依据《消防安全标准化评分细则》（Q/QJB 333A—2022），单位应设置消防安全宣传栏（橱窗）、电子显示屏或手机App等，至少多长时间更新一次内容？

答： 设置消防安全宣传栏（橱窗）、电子显示屏或手机App等，至少每季度更新一次内容。

57. 依据《消防安全标准化评分细则》（Q/QJB 333A—2022），员工、专职消防队（微型消防站）人员、志愿消防队队员和灭火和应急疏散预案中承担相应任务的人员分别应具备哪些消防常识、知识和技能？

答： 相关人员应具备以下消防常识、知识和技能：

（1）员工应清楚本单位火灾危险性，熟悉本工作场所消防设施、器材及安全出口的位置，会报火警、会扑救初起火灾及自救逃生的方法；

（2）专职消防队（微型消防站）人员、志愿消防队队员应熟悉单位基本情况、灭火和应急疏散预案内容、消防安全重点部位及消防设施、器材设置情况，掌握消防设施及器材的操作使用方法；

（3）灭火和应急疏散预案中承担相应任务的人员应熟悉灭火和应急疏散预案内容、职责分工并掌握相关专业知识和技能。

58. 依据《消防安全标准化评分细则》(Q/QJB 333A—2022),火灾隐患整改要明确哪些内容?

答: 火灾隐患整改要明确整改期限以及负责整改的部门、人员,各类检查记录应齐全,签署完整。

59. 依据《消防安全标准化评分细则》(Q/QJB 333A—2022),消防设施至少多长时间检测一次?检测单位与维保单位是否可以为同一家单位?

答: 消防设施和电气设施应按要求进行检测,消防设施每年至少检测一次。查阅近三年《建筑消防设施检测报告》,不能按年度提供检测报告,检测单位与维保单位为同一家单位,检测范围未全覆盖,检测报告与实际情况不符等,均视为不合格。

60. 依据《消防安全标准化评分细则》(Q/QJB 333A—2022),消防档案中的消防安全基本情况和消防安全管理情况应当至少包括哪些内容?

答: 消防安全基本情况应当至少包括下列内容:

(1)建筑的基本概况和消防安全重点部位;

(2)建筑消防设计审查、消防验收和特殊消防设计文件及采用的相关技术措施等材料;

(3)场所使用或者开业前消防安全检查的相关资料;

(4)消防组织和各级消防安全责任人;

(5)相关消防安全责任书和租赁合同;

(6)消防安全管理制度和消防安全操作规程;

(7)消防设施和器材配置情况;

(8)专职消防队、志愿消防队(微型消防站)等自防自救力量及其消防装备配备情况;

（9）消防安全管理人、消防设施维护管理人员、电气焊工、电工、消防控制室值班人员、易燃易爆化学物品操作人员的基本情况；

（10）新增消防产品、防火材料的合格证明材料；

（11）灭火和应急疏散预案。

消防安全管理情况应当至少包括下列内容：

（1）消防安全例会记录或决定；

（2）住房和城乡建设主管部门、消防救援机构填发的各种法律文书及各类文件、通知等要求；

（3）消防设施定期检查记录、自动消防设施全面检查测试的报告、维修保养的记录以及委托检测和维修保养的合同；

（4）火灾隐患、重大火灾隐患及其整改情况记录；

（5）消防控制室值班记录；

（6）防火检查、巡查记录；

（7）有关燃气、电气设备检测等记录资料；

（8）消防安全培训记录；

（9）灭火和应急疏散预案的演练记录；

（10）火灾情况记录；

（11）消防奖惩情况记录。

61. 依据《消防安全标准化评分细则》（Q/QJB 333A—2022），设备用房是否可以存放易燃易爆危险物品？

答：设备用房应保持整洁，严禁存放与设备无关的杂物和易燃易爆危险物品。

62. 依据《消防安全标准化评分细则》（Q/QJB 333A—2022），对室内消火栓的启闭阀门和旋转型消火栓分别有什么要求？

答：室内消火栓的启闭阀门应平稳、灵活，旋转型消火栓应保证旋转可靠、无卡涩。

63.依据《消防安全标准化评分细则》(Q/QJB 333A—2022)，室外消火栓进水控制阀应处于什么位置？

答：室外消火栓进水控制阀应处于常开位置。

64.依据《消防安全标准化评分细则》(Q/QJB 333A—2022)，对于室外消火栓部件、外观和功能有哪些要求？考评标准是什么？

答：室外消火栓应部件齐全、外观完好、功能正常。

（1）闷盖、橡胶垫圈等无损坏、老化或丢失的情况；

（2）栓体无锈蚀，外表油漆无脱落等；

（3）周围及井内无积水、杂物等。

65.依据《消防安全标准化评分细则》(Q/QJB 333A—2022)，报警阀组应处于什么状态？考评标准是什么？

答：报警阀组应处于伺应状态。

（1）阀前和阀后的控制阀、报警管路控制阀均应处于完全开启状态，锁定在常开位置；

（2）试铃阀、试验阀应处于关闭状态；

（3）其他使系统未处于伺应状态的情况。

66.依据《消防安全标准化评分细则》(Q/QJB 333A—2022)，气体灭火系统应处于什么状态？考评标准是什么？

答：气体灭火系统应处于伺应状态。现场核查，电磁阀未安装或未连线、安装调试用安全销未拔等，致使气体灭火系统未处于正常伺应状态视为不合格。

67. 依据《消防安全标准化评分细则》（Q/QJB 333A—2022），气体灭火系统防护区入口处应设置哪些消防设施？

答： 防护区入口处应设火灾声、光报警器和灭火剂喷放指示灯以及相应灭火系统的永久性标志牌，且外观完好，功能正常。

68. 依据《消防安全标准化评分细则》（Q/QJB 333A—2022），设有气体灭火系统的场所对于配置空气呼吸器和氧气呼吸器有什么要求？

答： 设有气体灭火系统的场所，应按建筑物（栋）、储存间或楼层为单元配置两套空气呼吸器或氧气呼吸器，设置气体灭火系统部门的相关责任人员应熟练掌握其使用方法。

69. 依据《消防安全标准化评分细则》（Q/QJB 333A—2022），对气体灭火系统信号反馈有什么要求？

答： 气体灭火系统的手动或自动控制方式的工作状态、气体灭火控制器直接连接的火灾探测器报警信号、选择阀的动作信号、压力开关的动作信号等，应能反馈至消防联动控制器。

70. 依据《消防安全标准化评分细则》（Q/QJB 333A—2022），灭火器外观完好，并符合 GB 50444 哪些相关要求？

答： 灭火器外观完好，符合 GB 50444 要求，具体如下：

（1）灭火器铭牌完好，铭牌上关于灭火剂、驱动气体的种类、充装压力、总质量、灭火级别、制造厂名和生产日期、维修日期标志及操作说明等内容齐全；

（2）灭火器的铅封、销闩等保险装置未损坏或遗失；

（3）灭火器筒体应无明显的损伤（磕伤、划伤）、缺陷、锈蚀（特别是筒底和焊缝）、泄漏；

（4）灭火器的驱动气体压力在工作范围内（贮压式灭火器压

力指示器应在绿色范围内）;

（5）灭火器的零部件应齐全,并且无松动、脱落或损伤现象;

（6）灭火器未开启或喷射过。

71. 依据《消防安全标准化评分细则》（Q/QJB 333A—2022）,应至少多长时间对灭火器进行一次维修检测?

答: 灭火器应每年至少进行一次维修检测,并在报废期限内。

72. 依据《消防安全标准化评分细则》（Q/QJB 333A—2022）,对于防火卷帘警示标识有什么要求? 考评标准是什么?

答: 防火卷帘应在其明显部位设置警示标识。

现场核查,防火卷帘应设置"禁止堆放杂物"等警示标识,未设置、标识不清晰等均视为不合格。

第二部分　应知应会试题

一、选择题

1. 在具有火灾、爆炸危险的场所使用明火；因特殊情况需要进行电、气焊等明火作业的，动火部门和人员应当按照单位的用火管理制度办理审批手续，落实（　　），在确认无火灾、爆炸危险后方可动火施工。

A．警示标志　　　　　　　B．灭火器材

C．报警措施　　　　　　　D．现场监护人

【答案】D

2. 消防设施应定期进行维护、保养，应明确项目负责人，项目负责人应当由（　　）担任。

A．注册安全工程师　　　　B．注册消防工程师

C．一级建造师　　　　　　D．二级建造师

【答案】B

3. 依据国家现行技术标准《建筑消防设施的维护管理》（GB 25201—2010），下列关于消防设施档案保存期限的相关描述，符合相关要求的是（　　）。

A．《建筑消防设施检测记录表》的保存期限为 3 年

B．《建筑消防设施故障维修记录表》的保存期限为 2 年

C．《建筑消防设施维护保养计划表》的保存期限为 4 年

D．《建筑消防设施巡查记录表》的保存期限为 1 年

【答案】D

4.建筑中的非承重外墙、房间隔墙和屋面板，当确需采用金属夹芯板材时，其芯材的燃烧性能应为（　　）。

A．A级　　　　　　　　　B．B1级

C．B2级　　　　　　　　D．以上都可以

【答案】A

5.关于报警阀组，下列说法正确的是（　　）。

A．打开报警管路试验阀或泄水阀或末端试水装置等，带延时器的水力警铃应在5~80 s内发出报警铃声，不带延时器的水力警铃应在15 s内发出报警铃声

B．连接报警阀进出口的控制阀应为信号阀。当不采用信号阀时，控制阀应设锁定阀位的锁具

C．报警阀组阀前和阀后的控制阀、报警管路控制阀均应处于完全开启状态，无需锁定在常开位置

D．水力警铃可设置在无人值班的地点附近或公共通道的外墙上

【答案】B

6.关于气体灭火系统，下列说法错误的是（　　）。

A．现场核查，电磁阀未安装或未连线、安装调试用安全销未拔等，致使气体灭火系统未处于正常伺应状态视为不合格

B．防护区入口处应设火灾声、光报警器和灭火剂喷放指示灯以及相应灭火系统的永久性标志牌，且外观完好，功能正常

C．气体灭火系统的手动或自动控制方式的工作状态、气体灭火控制器直接连接的火灾探测器报警信号、选择阀的动作信号、压力开关的动作信号等，无须反馈至消防联动控制器

D. 设有气体灭火系统的场所，应按建筑物（栋）、储存间或楼层为单元配置两套空气呼吸器或氧气呼吸器

【答案】C

7. 关于人员密集场所安全疏散设施，下列说法错误的是（　　）。

A. 应保持常闭式防火门处于关闭状态，常开防火门应能在火灾时自行关闭，并应具有信号反馈的功能

B. 消防安全标志应完好、清晰，不应被遮挡

C. 安全出口、公共疏散走道经领导批准后可以安装栅栏

D. 疏散应急照明、疏散指示标志应完好、有效

【答案】C

8. 关于灭火器，下列说法正确的是（　　）。

A. 一个计算单元内配置的灭火器数量不得少于1具

B. 灭火器铭牌完好，铭牌上关于灭火剂、驱动气体的种类、充装压力、总质量、灭火级别、制造厂名和生产日期、维修日期标志及操作说明等内容齐全

C. 水基型灭火器检测周期为8年，二氧化碳灭火器检测周期为12年

D. 一个计算单元内配置的灭火器数量不得少于3具

【答案】B

9. 关于防火卷帘，下列说法错误的是（　　）。

A. 现场核查，防火卷帘应设置"禁止堆放杂物"等警示标识

B. 疏散通道上的防火卷帘一侧安装火灾探测器组，火灾探测器组一般应由感温、感烟两种不同类型的火灾探测器组成

C．防火卷帘的钢质帘面及卷门机、控制器等金属零部件的表面不应有裂纹、压坑及明显的凹凸、锤痕、毛刺、锈蚀等缺陷

D．防火卷帘控制器应处于正常工作状态，应直接或间接地接收来自火灾探测器发出的火灾报警信号，并应发出声、光报警信号

【答案】B

10．关于室外消火栓说法错误的是（　　　）。

A．室外消火栓进水控制阀应处于常开位置

B．地下式室外消火栓顶部进水口或顶部出水口与井盖底面的距离不应大于 0.5 m

C．当室外消火栓安装部位火灾时存在可能落物危险时，上方应采取防坠落物撞击的措施

D．现场检查，室外消火栓闷盖、橡胶垫圈等无损坏、老化或丢失，栓体无锈蚀，外表油漆无脱落等

【答案】B

11．以自动直接启动或手动直接启动消防水泵时，消防水泵应在（　　　）内投入运行。

A．30 s   B．50 s

C．55 s   D．60 s

【答案】C

12．关于消防应急照明，下列说法错误的是（　　　）。

A．应急灯具安装后不应对人员正常通行产生影响，灯具周围应无遮挡物，并应保证灯具上的各种状态指示灯易于观察

B．应急灯具应牢固安装在不燃性墙体或不燃性装修材料上，不应安装在门、窗或其他可移动的物体上

C．高危场所灯具光源应急点亮的响应时间不应大于 0.25 s，其他场所不应大于 10 s

D．人员密集的厂房内的生产场所及疏散走道应按要求设置消防应急照明

【答案】C

13．消防水池的水位应能就地和在（　　　）显示，消防水池应设置（　　　）水位报警装置。玻璃水位计两端的角阀在不进行水位观察时应（　　　）。

A．消防控制室　　高低　　关闭　　B．办公室　　远程　　开启

C．办公室　　　　低　　关闭　　D．最低　　　远程　　开启

【答案】A

14．消防水泵控制柜位于消防水泵控制室内时，其防护等级不应低于（　　　）；位于消防水泵房内时，其防护等级不应低于（　　　）。

A．IP35　　　　IP50　　　　B．IP35　　　　IP55

C．IP30　　　　IP55　　　　D．IP30　　　　IP65

【答案】C

15．关于消防电梯，下列说法错误的是（　　　）。

A．电梯的控制与动力电缆、电线、控制面板应采用防水措施

B．在首层的消防电梯入口处应设置供消防队员专用的操作按钮

C．电梯的载重量不应大于 800 kg

D．电梯轿厢的内部装修应采用不燃材料

【答案】C

16. 液化石油气钢瓶（民用）检验周期为（   ），经过安全评估的燃气气瓶的实际使用年限最长不得超过（   ）。

A．3 年　　12 年　　　　　B．4 年　　12 年

C．4 年　　20 年　　　　　D．3 年　　30 年

【答案】B

17.《社会单位灭火和应急疏散预案编制及实施导则》（GB/T 38315—2019）中根据灾情的严重程度和场所的危险程度，将预案分为（   ）。

A．三级　　　　　　　　　B．四级

C．五级　　　　　　　　　D．六级

【答案】C

18. 下列（   ）不属于编制灭火和应急疏散预案需要分析的内容。

A．火灾危险性

B．危险因素

C．可能发生的火灾类型及危险程度

D．单位经济效益

【答案】D

19. 下列哪项不属于灭火和应急疏散预案编制内容？（   ）

A．编制目的　　　　　　　B．单位基本情况

C．组织机构及职责　　　　D．公司领导履历

【答案】D

20. 依据《消防安全重点部位分级管理要求》（Q/QJB 415—2021），消防安全重点部位的等级分为（   ）。

A．三个　　　　　　　　　B．四个

C．五个   D．六个

【答案】A

21．依据《消防安全重点部位分级管理要求》（Q/QJB 415—2021），应定期进行消防安全重点部位检查，如实填写检查记录，检查表至少留存（   ）。

A．三个月   B．半年

C．九个月   D．一年

【答案】D

22．依据《消防安全重点部位分级管理要求》（Q/QJB 415—2021），消防安全重点部位风险等级计算公式 $R=L \times C \times F \times K$ 中，R 表示（   ）。

A．风险性数值

B．发生火灾的可能性数值

C．火灾事故可能造成的后果数值

D．发生火灾后对消防安全影响性数值

【答案】A

23．消防安全标准化考核评级中科研生产经营管理类单位满分为（   ）分，建筑施工类单位满分为（   ）。

A．300   500   B．500   800

C．800   1000   D．1000   1200

【答案】C

24．消防安全标准化现场评审抽取职工总数比例（   ）以上人员，进行消防安全应知应会知识考试。抽考人员涵盖主要责任人、消防安全管理人、中层领导及一线员工。

A．3%   B．5%

C. 8%   D. 10%

【答案】B

25. 某单位消防安全标准化考评综合得分为83.26分，其考评结果为（　　　）。

A. 一级   B. 二级

C. 三级   D. 不达标

【答案】B

26. 消防安全标准化考核评级一个考评周期内，单位发生（　　　），由集团公司消防安全管理部门撤销其考评等级称号。

A. 火灾死亡责任事故   B. 较大以上火灾事故

C. 重大以上火灾事故   D. 特大以上火灾事故

【答案】A

27. 消防安全标准化等级证书和牌匾有效期为（　　　）。

A. 1年   B. 2年

C. 3年   D. 4年

【答案】C

28. 消防安全标准化现场评审过程中发现以下（　　　）情形的，评审组应立即中止评审。

A. 未做到至少每季度召开一次防火安全委员会

B. 单位全体在岗职工每年消防安全培训少于一次

C. 未明确各科研生产部门、车间、分支机构的专（兼）职消防管理人员

D. 每个科研生产部门、车间、分支机构配备的志愿消防员的比例低于在岗人员30%

【答案】B

29. 单位应设置消防安全宣传栏（橱窗）、电子显示屏或手机 App 等，至少（　　　）更新一次内容。

A. 每季度　　　　　　B. 每半年

C. 每年　　　　　　　D. 每两年

【答案】A

二、判断题

1. 除管井检修门和住宅的户门外，常闭防火门应安装闭门器，并具有自行关闭功能。

【答案】√

2. 应对设置在地下室的灭火器每个月进行一次配置及外观检查。

【答案】×

3. 推车式灭火器不得设置在台阶上，在没有外力作用下，推车式灭火器不得自行滑动。

【答案】√

4. 消防水泵的吸水管变径连接时，应采用偏心异径管件并采用管底平接。

【答案】×

5. 室内消火栓的启闭阀门应平稳、灵活，旋转型消火栓应保证旋转可靠、无卡涩。

【答案】√

6. 室内消火栓箱门应开启灵活、无卡阻，开启角度不应小于 120°。

【答案】√

7. 消防水泵应确保在火灾时能及时启动；停泵应由人工控

制，不应自行停泵。

【答案】√

8. 同一防烟分区内可采用自然排烟和机械排烟两种方式。

【答案】×

9. 为了操作方便，火灾自动报警系统中控制与显示类设备的主电源应直接使用电源插头与消防电源连接。

【答案】×

10. 联动控制模块严禁设置在配电柜（箱）内。

【答案】√

11. 消防控制室可以兼做易燃易爆品库房使用。

【答案】×

12. 消防水泵房的顶棚、墙面和地面内部装修材料的燃烧性能均不应低于 B1 级。

【答案】×

13. 直通室外疏散门的上方应按标准要求设置出口标志灯。

【答案】√

14. 方向标志灯应设置在有维护结构的疏散走道、楼梯两侧距地面、梯面高度 1.5 m 以下的墙面、柱面上。

【答案】×

15. 在确保安全的情况下，电动自行车可以采取"飞线"方式进行充电。

【答案】×

16. 依据《消防安全标准化评分细则》（Q/QJB 333A—2022），鼓励消防安全管理人、专（兼）职消防管理人员取得注册消防工程师资格。

【答案】√

17. 火灾隐患整改要明确整改期限以及负责整改的部门、人员，各类检查记录应齐全，签署完整。

【答案】√

18. 依据《消防安全标准化评分细则》（Q/QJB 333A—2022），为了便于管理，检测单位与维保单位应为同一家单位。

【答案】×

三、简答题

1. 依据《社会单位灭火和应急疏散预案编制及实施导则》（GB/T 38315—2019），预案的主要内容包括哪些？

【答案】预案的主要内容：编制目的、编制依据、适用范围、应急工作原则、单位基本情况、火灾情况设定、组织机构及职责、应急响应、应急保障、应急响应结束和后期处置。

2. 依据《社会单位灭火和应急疏散预案编制及实施导则》（GB/T 38315—2019），预案应明确通信联络组承担任务人员向总指挥、副总指挥、消防部门、区域联防单位等报告火情的基本规范，保证准确传递哪些火灾基本信息？

【答案】应当传递下列信息：

（1）起火单位、详细地址；

（2）起火建筑结构，起火物，有无存储易燃易爆危险品；

（3）起火部位或楼层；

（4）人员受困情况；

（5）火情大小、火势蔓延情况、水源情况等其他信息。

3. 请简述专兼职消防管理人员应履行的消防安全职责。

【答案】专兼职消防管理人员应履行下列消防安全职责：

（1）根据年度消防工作计划，开展日常消防安全管理工作；

（2）督促落实消防安全制度和消防安全操作规程；

（3）实施防火检查和火灾隐患整改工作，负责动火作业、临时用电现场监管；

（4）检查消防设施、器材和消防安全标志状况，督促维护保养；

（5）开展消防安全知识、技能宣传教育培训；

（6）组织企业专职或志愿消防队、微型消防站开展训练、演练；

（7）及时向消防安全管理人报告消防安全情况；

（8）完成单位消防安全管理人委托的其他消防安全管理工作。

4．消防安全标准化现场评审过程中发现哪些情形，评审组应立即中止评审？

【答案】评审组发现下列情形之一的，应当立即中止评审：

（1）单位未明确消防安全管理人；

（2）同一建筑物由两个以上单位管理或者使用的，未明确各方的消防安全责任，未确定责任人对共用的疏散通道、安全出口、建筑消防设施和消防车通道进行统一管理；

（3）消防安全重点单位未做到每半年组织一次演练，其他单位未做到每年组织一次演练；

（4）单位全体在岗职工每年消防安全培训少于一次；

（5）动火作业人员无证上岗、在易燃易爆场所违反规定动用明火；

（6）聘请的消防设施维护保养、检测等消防技术服务机构，不具备从业条件从事消防技术服务活动或者出具虚假文件、失实文件；

（7）消火栓、自动喷水灭火系统不能正常供水；

（8）消火栓系统、自动灭火系统、火灾自动报警系统、机械防排烟系统等被擅自拆除或者损坏停用；

（9）疏散通道、安全出口被违规封闭、堵塞；

（10）电动自行车停放在室内及建筑物疏散通道和安全出口处，电动自行车采取"飞线"、入户等方式违规充电。

5. 依据《消防安全标准化评分细则》（Q/QJB 333A—2022），哪些人员应组织专门培训？

【答案】消防安全责任人、消防安全管理人、专兼职消防管理人员、消防安全重点部位责任人、与消防安全有关的重点工种人员、灭火和应急疏散预案中承担相应任务的人员等重点岗位人员应组织专门培训。

6. 依据《消防安全标准化评分细则》（Q/QJB 333A—2022），本单位组织的消防安全教育培训内容应齐全，至少应包括哪些内容？

【答案】至少应包括如下内容：有关国家消防法律、法规、集团公司消防安全制度和保障消防安全的操作规程，本单位、本岗位的火灾危险性和防火措施，有关消防设施的性能、灭火器材的使用方法，报火警、扑救初起火灾以及自救逃生的知识和技能。

7. 依据《消防安全标准化评分细则》（Q/QJB 333A—2022），请简述员工、专职消防队（微型消防站）人员、志愿消防队队员和灭火和应急疏散预案中承担相应任务的人员应分别具备哪些消防常识、知识和技能？

【答案】相关人员应具备下列消防常识、知识和技能：

（1）员工应清楚本单位火灾危险性，熟悉本工作场所消防设施、器材及安全出口的位置，会报火警、会扑救初起火灾及自救逃生的方法；

（2）专职消防队（微型消防站）人员、志愿消防队队员应熟悉单位基本情况、灭火和应急疏散预案内容、消防安全重点部位及消防设施、器材设置情况，掌握消防设施及器材的操作使用方法；

（3）灭火和应急疏散预案中承担相应任务的人员应熟悉灭火和应急疏散预案内容、职责分工并掌握相关专业知识和技能。

附 录 消防相关法律法规标准文件名录

《中华人民共和国刑法》

《中华人民共和国消防法》

《生产安全事故报告和调查处理条例》（国务院令第 493 号）

《公共娱乐场所消防安全管理规定》（中华人民共和国公安部令第 39 号）

《机关、团体、企业、事业单位消防安全管理规定》（中华人民共和国公安部令第 61 号）

《建设工程消防设计审查验收管理暂行规定》（中华人民共和国住房和城乡建设部令第 51 号）

《高层民用建筑消防安全管理规定》（中华人民共和国应急管理部令第 5 号）

《社会消防技术服务管理规定》（中华人民共和国应急管理部令第 7 号）

关于印发《消防安全重点单位微型消防站建设标准（试行）》、《社区微型消防站建设标准（试行）》的通知（公消〔2015〕301 号）

《消防救援局关于贯彻实施国家职业技能标准〈消防设施操作员〉的通知》（应急消〔2019〕154 号）

《安全色》（GB 2893—2008）

《消防水带》（GB 6246—2011）

《建筑消防设施的维护管理》（GB 25201—2010）

《消防控制室通用技术要求》（GB 25506—2010)

《消防员呼救器》（GB 27900—2011）

《危险化学品企业特殊作业安全规范》（GB 30871—2022）

《重大火灾隐患判定方法》（GB 35181—2017）

《建筑设计防火规范》[GB 50016—2014（2018 年版）]

《自动喷水灭火系统设计规范》（GB 50084—2017）

《火灾自动报警系统设计规范》（GB 50116—2013）

《建筑灭火器配置设计规范》（GB 50140—2005）

《二氧化碳灭火系统设计规范》[GB 50193—1993（2010 年版）]

《自动喷水灭火系统施工及验收规范》（GB 50261—2017）

《建筑灭火器配置验收及检查规范》（GB 50444—2008）

《建设工程施工现场消防安全技术规范》（GB 50720—2011）

《防火卷帘、防火门、防火窗施工及验收规范》（GB 50877—2014）

《消防给水及消火栓系统技术规范》（GB 50974—2014）

《消防应急照明和疏散指示系统技术标准》（GB 51309—2018）

《消防设施通用规范》（GB 55036—2022）

《建筑防火通用规范》（GB 55037—2022）

《火灾分类》（GB/T 4968—2008）

《呼吸防护用品的选择、使用与维护》（GB/T 18664—2022）

《社会单位灭火和应急疏散预案编制及实施导则》（GB/T 38315—2019）

《人员密集场所消防安全管理》（GB/T 40248—2021）

《单位消防安全管理规范》（DB32/T 4444—2023）

《化学品生产单位动火作业安全规范》（AQ 3022—2008）

《消防员个人防护装备配备标准》（GA 621—2013）

《气瓶安全技术规程》（TSG 23—2021）

《消防员灭火防护服》（XF 10—2014）

《正压式消防空气呼吸器》（XF 124—2013）

《消防腰斧》（XF 630—2006）

《高层建筑火灾扑救行动指南》（XF/T 1191—2014）

《消防安全标准化评分细则》（Q/QJB 333A—2022）

《消防安全重点部位分级管理要求》（Q/QJB 415—2021）